農地・生産緑地に関する実務と事例

登記、税務、転用、相続、売買

著 司法書士 鹿島久実子・司法書士 鹿島崇之
　 税理士 清田幸弘

日本加除出版株式会社

はしがき

　不動産が「農地」であるのか否かは不動産の実務に携わるものにとっては，注目すべき点であることは全国共通であろう。しかし，農地や農地に関する制度が抱える課題は地域ごとに大きく異なり，都市農地の存する地域にはその地域特有の課題があり，当該課題に対応するための制度も地域によって異なる。

　都市農地は，新鮮な食物の供給という役割のみならず，防災機能，地域住民の交流，体験の場の提供，ヒートアイランド現象の緩和など，都市特有の様々な社会課題対応の役割も期待されている。

　筆者らは，都市農地（生産緑地）の存する地域の住民である司法書士として，いわゆる「生産緑地2022年問題」と呼ばれる，制度開始当初に指定された生産緑地の多くが宅地化され，不動産市場に大きな影響を及ぼすのではないかという懸念（あるいは期待）を実務で目の当たりにしてきた。

　実際に，2022年を迎えた際には，多くの生産緑地が特定生産緑地に指定されたことによって，当初想定されたような不動産市場に大きな影響を及ぼす事態には発展しなかったが，農業人口の減少，都市部への人口集中，農業のICT化など，都市農地を取り巻く環境は年々変化していることからも「生産緑地2022年問題」で言われていた「生産緑地の多くが宅地化されるのではないか」という懸念は，引き続き都市農地の存する地域特有の課題として，残り続けるだろうと推察している。

　都市農地や生産緑地の制度を理解するにあたり，農地法や都市計画法等の法制度の理解は不可欠であることから，本書の第1編の農地概説では，農地や都市農地をめぐる各制度の位置付けや関係性を意識することを心掛けた。また，実務上，都市農地に関する様々な手続について検討する際には，不動産の価値が一般農地に比べ高額となることから税務の検討は必須となる。第2編の司法書士，行政書士である筆者らの実務解説に加え，第3編では税理士による税務面の解説を加えた。さらに第4編での事例解説も司法書士，税理士の両専門職でそれぞれ執筆することにより，実務家に

はしがき

とってより充実した参考書籍となるよう執筆を試みた。

　司法書士，税理士等の専門職には，農地をめぐる各制度の基礎知識，一般農地と都市農地の相違点や，税務上の論点等は，登記実務，税務実務の周辺知識として必要となることから，農地，都市農地の相続等の実務に携わる多くの専門職，実務家の皆様に役立つ書籍となれば幸いである。

　本書を刊行するにあたり，ランドマーク税理士法人の伊藤満先生には多くのご助言をいただいた。また，日本加除出版株式会社編集部の佐伯寧紀氏，鶴崎清香氏には，様々な御示唆・数多くの激励をいただき，辛抱強く関わり続けていただいた。ご尽力くださった皆様に，この場を借りて厚く御礼申し上げる。

2024年8月

鹿島久実子
鹿島　崇之

凡　例

文中に掲げる法令・先例については次の略記とする。

〔法令〕

農地………………農地法
農地規……………農地法施行規則
都市農地貸借円滑化法……都市農地の貸借の円滑化に関する法律
特定農地貸付法……特定農地貸付けに関する農地法等の特例に関する法律
都市農業…………都市農業振興基本法
都公………………都市公園法
都緑………………都市緑地法
基盤法……………農業経営基盤強化促進法
古都保存法………古都における歴史的風土の保存に関する特別措置法
樹木保存法………都市の美観風致を維持するための樹木の保存に関する法律
地税………………地方税法
租特………………租税特別措置法
租特令……………租税特別措置法施行令
相続税……………相続税法
所得税……………所得税法
消費税……………消費税法
登免………………登録免許税法

〔先例〕

平21・12・11・21付経営第4608号・21農振第1599号農林水産省経営局長・農林水産省農村振興局長通知「農地法関係事務処理要領の制定について」
　　→平成21年12月11日付21経営第4608号・21農振第1599号農林水産省経営局長・農村振興局長通知「農地法関係事務処理要領の制定について」

目　次

第1編　農地概説

第1章　農地に関する法律の変遷 …… 1

第1節　農地に関する法律 …… 1

1　農地法 …… 1
(1) 制定から1970（昭和45）年改正まで …… 2
(2) 1970（昭和45）年から1993（平成5）年改正まで …… 3
(3) 1993（平成5）年から2009（平成21）年改正まで …… 3
(4) 2009（平成21）年から2015（平成27）年改正まで …… 4
(5) 2015（平成27）年改正以降 …… 6

2　農業経営基盤強化促進法 …… 7
3　農業振興地域の整備に関する法律 …… 9
4　農地中間管理事業の推進に関する法律 …… 11
5　都市農業振興基本法 …… 13
6　土地改良法 …… 14

第2節　市街化区域内農地に関する法律 …… 16

1　都市計画法 …… 16
(1) 都市計画区域の指定 …… 17
(2) 都市計画マスタープラン …… 18
(3) 都市計画区域区分 …… 19
(4) 区域，地域指定 …… 20
(5) 用途地域分類 …… 21
(6) 開発許可制度 …… 22

目　次

　2 都市の緑化，緑地保全に関する法律……………………23
　　(1)　概　要……………………………………………………23
　　(2)　都市緑地法………………………………………………25
　　(3)　都市緑地法以外の都市緑地に関する法律……………27

第***3***節　生産緑地に関する法律（生産緑地法）………28
　1 生産緑地制度概要…………………………………………28
　2 生産緑地制度の変遷………………………………………29
　　(1)　生産緑地法成立…………………………………………29
　　(2)　1991年改正生産緑地法…………………………………31
　　(3)　2017年改正生産緑地法…………………………………32

第2章　農地に関する制度………………………………36

第***1***節　農地一般………………………………………………36
　1 定　義………………………………………………………36
　2 制　限………………………………………………………37
　3 農業委員会…………………………………………………38
　4 農地中間管理機構（農地バンク）………………………39

第***2***節　市街化区域内農地（宅地化農地）…………40
　1 概　要………………………………………………………40
　2 生産緑地（保全する農地）………………………………43
　　(1)　制　度……………………………………………………43
　　(2)　要　件……………………………………………………43
　　(3)　手　続……………………………………………………44
　　(4)　管　理……………………………………………………44
　　(5)　制　限……………………………………………………45
　　(6)　買取申出（生産緑地7条〜9条）………………………47

(7)　都市農地の貸借の円滑化に関する法律 ……………………… 48
　　(8)　市民農園（市民農園整備促進法・特定農地貸付法・都市農地貸
　　　　借円滑化法） ………………………………………………………… 49
　　(9)　特定生産緑地 ………………………………………………………… 52

第2編　農地の実務

第1章　農地一般（許認可，届出，転用等） …………………………… 55

第1節　権利移動の制限（農地法3条許可） ……………………… 55

1 許可の要否 ……………………………………………………………… 55
2 手　続 …………………………………………………………………… 58
3 要　件 …………………………………………………………………… 58
4 不服申し立て …………………………………………………………… 60
5 農地法3条の許可事務の簡素化 ……………………………………… 60

第2節　農地転用許可制度 …………………………………………… 61

1 概　要 …………………………………………………………………… 61
2 申　請 …………………………………………………………………… 62
　〈例・農地法第5条第1項第6号の規定による農地転用届出書〉 *64*
3 不服申立て ……………………………………………………………… 65
4 違法転用 ………………………………………………………………… 65

第3節　農地法3条の3の届出 ……………………………………… 66

　〈例・農地法第3条の3第1項の規定による届出書〉 *67*

第4節　賃貸借 …………………………………………………………… 68

1 農地法3条の許可による賃貸借 ……………………………………… 69
　(1)　要　件 ………………………………………………………………… 69

- (2) 効　果 70
- (3) 契約解除 70

2　農業経営基盤強化促進法による利用権設定 71

- (1) 概　要 71
- (2) 要　件 71
- (3) 解　除 72
- (4) 所有者不明農地への利用権設定 72

3　特定農地貸付法（特定農地貸付け） 73

- (1) 概　要 73
- (2) 市民農園開設手続 74

第2章　生産緑地

第1節　申　請 76

- (1) 生産緑地指定要件 76
- (2) 生産緑地指定申出 76
- (3) 生産緑地指定後 77

第2節　買取申出 78

1　概　要（生産緑地7条～9条） 78

2　申出の手続 79

- (1) 指定から30年経過による買取申出 79
- (2) 主たる従事者が死亡又は故障により営農が継続できない場合 ... 80

3　市町村による買い取り（生産緑地12条） 81

- (1) 市町村が買取りをする場合 81
- (2) 市町村が買い取らない場合 81
- (3) 行為制限解除 82
- (4) 2022年問題 82

第3節　特定生産緑地 83

1 指 定 ··· 83
  (1) 指定時期 ··· 83
  (2) 指定手続 ··· 84
  (3) 指定延長 ··· 85
2 指定廃止 ··· 85
  (1) 買取申出 ··· 85
  (2) 指定解除 ··· 86

第4節 賃貸借 ··· 86
1 都市農地貸借円滑化法 ··· 86
  (1) 概 要 ·· 86
  (2) 自ら耕作する場合の貸借の円滑化 ···································· 87
  (3) 市民農園を開設する場合の貸借の円滑化 ···························· 89

第3章 登 記 ··· 92

第1節 農地法所定の許可書添付の要否 ······································· 92
1 許可書が必要な場合 ··· 92
  (1) 所有権に関する登記 ·· 92
  (2) 所有権以外の権利に関する登記 ······································ 94
2 許可書の添付が不要な場合 ··· 95
  (1) 農地法3条1項の適用除外規定 ·· 95
  (2) 許可書の添付が不要な登記 ··· 95
3 当事者が死亡した場合における許可書の効力 ······················· 97
  (1) 現在の所有者が死亡 ·· 97
  (2) 農地の取得者が死亡 ·· 98

第 2 節　仮登記 …… 99

1　概　要 …… 99
(1) 農地における仮登記の意義 …… 99
(2) 農業委員会への通知 …… 100

2　仮登記の申請 …… 101
(1) 申請方法 …… 101
(2) 申請書書式例 …… 102
〈例・仮登記申請書〉　102
〈例・仮登記本登記申請書〉　103

第 3 節　地目変更登記 …… 104

1　概　要 …… 104

2　登記手続 …… 104
(1) 申請方法 …… 104
〈例・非農地証明書〉　105
(2) 申請書書式例 …… 106
〈例・登記申請書〉　106

3　登記官の照会 …… 107

第 3 編　税　務

第 1 章　農地の取得に対して課される税 …… 109

第 1 節　相続税の概要 …… 109

1　相続税の仕組み …… 109

2　相続税の計算 …… 110
(1) 課税価格の計算 …… 110
(2) 相続税の総額の計算 …… 110

	(3) 各人の算出税額の計算	110
	(4) 各人の納付税額の計算	110
3	相続財産の評価	111
	(1) 土地の評価	112
	(2) 農地の評価	112
	(3) 地積規模の大きな宅地の評価（財産評価基本通達20-2）	113
4	小規模宅地等の特例	115

第2節 贈与税の概要 …… 116

1 贈与税の仕組み …… 116

2 相続時精算課税 …… 118

第3節 不動産取得税・登録免許税 …… 119

1 不動産取得税の概要 …… 119

 (1) 不動産取得税の課税方法等 …… 119
 (2) 不動産取得税の徴収猶予 …… 120

2 登録免許税の概要 …… 120

第4節 農地の相続税・贈与税の納税猶予 …… 122

1 農地に係る相続税の納税猶予制度 …… 122

 (1) 相続税の納税猶予制度の概要 …… 122
 (2) 納税猶予の適用要件 …… 122
 (3) 猶予税額の免除 …… 123
 (4) 納税猶予期限の確定 …… 124
 (5) 納税猶予額の計算 …… 124
 (6) 納税猶予の適用を受けるための手続 …… 125
 (7) 相続税の免除手続 …… 126

2 農地に係る贈与税の納税猶予制度 …… 127

 (1) 贈与税の納税猶予制度の概要 …… 127

(2) 納税猶予の適用要件 …………………………… 127
　　(3) 猶予税額の免除 ………………………………… 128
　　(4) 納税猶予期限の確定 …………………………… 128
　　(5) 納税猶予の適用を受けるための手続 ………… 128
　　(6) 贈与税の免除手続 ……………………………… 129
　3 農地等の貸付けと納税猶予 ………………………… 129
　　(1) 特定貸付け ……………………………………… 129
　　(2) 営農困難時貸付 ………………………………… 130
　　(3) 貸付けに係る手続 ……………………………… 130
　　(4) 特例農地等の貸付けと納税猶予期限 ………… 132

第2章　農地の保有・利用に対して課される税 …………… 134

第1節　固定資産税・都市計画税の概要 …………………… 134

　1 固定資産税の仕組み ………………………………… 134
　　(1) 住宅用地の場合 ………………………………… 135
　　(2) 商業地等の場合 ………………………………… 135
　2 都市計画税の仕組み ………………………………… 135
　3 農地の固定資産税 …………………………………… 136
　　(1) 一般農地 ………………………………………… 136
　　(2) 市街化区域農地 ………………………………… 137
　4 縦覧制度と審査制度 ………………………………… 137
　　(1) 縦覧制度 ………………………………………… 138
　　(2) 不服審査制度 …………………………………… 138

第2節　所得税・住民税の概要 ……………………………… 139

　1 所得税の仕組み ……………………………………… 139
　2 住民税の仕組み ……………………………………… 139
　3 農業所得に対する所得税 …………………………… 140

| **4** 青色申告 | 141 |

第3節　事業税の概要 … 143
第4節　消費税 … 144
1 消費税の概要 … 144
2 納税事務の負担軽減措置 … 145
3 農業経営と消費税 … 145

第3章　農地の譲渡に対して課される税 … 148

第1節　譲渡所得税の概要 … 148
1 譲渡所得税の仕組み … 148
2 譲渡所得の計算方法 … 148
　(1) 収入金額 … 148
　(2) 取得費 … 149
　(3) 譲渡費用 … 149
　(4) 特別控除額 … 149
3 税額の計算 … 149
4 相続税額取得費加算の特例 … 150
5 譲渡所得及び税額の計算例 … 151

第4章　生産緑地に関する税務上の取扱い … 152

第1節　生産緑地の相続財産評価 … 152
第2節　相続税・贈与税の納税猶予 … 153
1 生産緑地に対する納税猶予制度の概要 … 153
2 「都市営農農地等」に含まれる生産緑地の範囲 … 154
3 生産緑地の貸付けと納税猶予 … 154

目次

 4 生産緑地に対する納税猶予の期限と猶予税額の免除 ……… 156

 5 生産緑地に係る納税猶予の手続 …………………………… 157

  (1) 相続税の申告手続等 …………………………………… 157

  (2) 贈与税の申告手続等 …………………………………… 158

  (3) 都市農地貸付けを行った場合の手続 ………………… 158

第3節 生産緑地に対する固定資産税 ……………………… 159

 1 課税標準 ……………………………………………………… 159

 2 指定解除等の場合の激変緩和措置 ………………………… 160

第4編 事例解説

第1章 相　続 …………………………………………………… 163

第1節 生産緑地の指定を受けていない市街化区域内農地の場合　事例1 …… 163

 1 生産緑地の指定を受けていない市街化区域内農地に関する税制 …… 164

 2 相続税納付に向けたスケジュール調整 …………………… 165

  〈例・登記申請書〉 *166*

 3 税　務 ………………………………………………………… 167

第2節 生産緑地（非特定生産緑地）の場合　事例2 …………… 169

 1 事例解説 ……………………………………………………… 170

  〈例・生産緑地買取申出書〉 *171*

 2 税　務 ………………………………………………………… 172

第3節 生産緑地（特定生産緑地）の場合
  ――相続人が農業を行わない場合　事例3 …… 174

| **1** | 事例解説 | 175 |
| **2** | 税　務 | 176 |

第4節　生産緑地（特定生産緑地）
　　　　――相続人が農業を続ける場合　事例4　　　　177

| **1** | 事例解説 | 178 |
| **2** | 税　務 | 179 |

第5節　生産緑地（特定生産緑地）
　　　　――相続人が農業を続けた後，営農をやめた場合　事例5　　180

| **1** | 事例解説 | 181 |
| **2** | 税　務 | 182 |

第6節　生産緑地の買取申出に対し行政が買い取る場合　事例6　　183

| **1** | 事例解説 | 184 |

〈例・裁決申請書―生産緑地所有者が申請する場合〉　*184*

| **2** | 税　務 | 186 |

第7節　1992年1月1日より前に発生した相続の相続税納税猶予　事例7　　187

| **1** | 事例解説 | 188 |

第8節　生産緑地の追加指定　事例8　　189

| **1** | 事例解説 | 189 |

第2章　売　買　　192

第1節　市街化区域内農地を宅地転用のために売却する場合　事例9　　192

| **1** | 農地法の許可の要否 | 192 |
| **2** | 書式例 | 192 |

目　次

〈例・登記原因証明情報―市街化区域内農地を宅地転用のために売却する場合〉 *192*

〈例・登記申請書〉 *193*

3　税　務 …………………………………………………………………… 194

第2節　指定から30年経過した生産緑地を売却する場合
（非特定生産緑地）事例10 ……………………………… 195

1　事例解説 ………………………………………………………………… 195

2　農地法5条の届出 ……………………………………………………… 196

〈例・農地法第5条第1項第6号の規定による農地転用届出書〉 *196*

第3節　農業振興地域の農用地区域ではない市街化調整区域内農地を売買する場合 事例11 …………………… 197

1　農地法3条の許可 ……………………………………………………… 198

2　仮登記 …………………………………………………………………… 198

3　書式例 …………………………………………………………………… 199

〈例・農地法第3条の規定による許可書〉 *199*

〈例・登記原因証明情報―条件付所有権移転仮登記〉 *203*

〈例・登記原因証明情報―仮登記の本登記〉 *203*

〈例・仮登記申請書〉 *204*

〈例・仮登記本登記申請書〉 *205*

第4節　農業振興地域の農用地区域ではない市街化調整区域内農地を宅地として売買する場合 事例12 ……… 206

1　必要な手続 ……………………………………………………………… 206

2　許可の態様 ……………………………………………………………… 207

3　登記手続 ………………………………………………………………… 208

4　書式例 …………………………………………………………………… 208

〈例・登記原因証明情報―農業振興地域の農用地区域ではない市街化調整区域内農地を宅地として売買する場合〉 *208*

第3章　農地の贈与 ……………………………………………… 211

第1節　生産緑地を贈与し，贈与税納税猶予制度の適用を受ける場合　事例13 ……… 211

1　事例解説 …………………………………………………… 211
〈例・登記原因証明情報〉　*211*
〈例・登記申請書〉　*212*

2　税　務 ……………………………………………………… 213

第4章　その他の原因による所有権移転 ……………… 215

第1節　農地共有者の持分放棄　事例14 ……………………… 215

1　持分放棄の可否 …………………………………………… 215
2　持分放棄の手続 …………………………………………… 216
3　課税上の取扱い …………………………………………… 216
4　書式例 ……………………………………………………… 217
〈例・持分放棄証書〉　*217*
〈例・登記原因証明情報―持分放棄〉　*217*
〈例・登記申請書〉　*218*

第2節　時効取得　事例15 ……………………………………… 219

1　農地の時効取得の可否 …………………………………… 219
2　課税上の取扱い …………………………………………… 220
3　登記手続 …………………………………………………… 221
4　書式例 ……………………………………………………… 221
〈例・登記原因証明情報―共同申請により申請する場合〉　*221*
〈例・単独申請による登記申請書―単独により申請する場合〉　*222*

第5編　生産緑地の今後

第1章　所有者不明農地問題 ……………………………… 223
1　背　景 …………………………………………………… 223
2　利活用促進の施策 ……………………………………… 224
　(1)　相続登記未了農地 …………………………………… 224
　(2)　遊休農地に関する措置 ……………………………… 225
　(3)　農地法に基づく利用権設定（農地41条） ………… 226
　(4)　中間管理事業の推進に関する法律に基づく利用権設定（農地中間管理22条の2～22条の4） ……………………… 227

第2章　生産緑地2032年問題 ……………………………… 229

資　料 ……………………………………………………………… 231
執筆者 ……………………………………………………………… 235

第1編
農地概説

第1章 農地に関する法律の変遷

　日本における農地に関する法律で最も重要であるとされる「農地法」をはじめ，農地に関する法律は，農地をめぐる社会情勢を踏まえながら，様々な変遷を遂げ，現在に至る。本章においては，農地法，都市計画法，生産緑地法など，農地に関する法律の概要と制度の変遷について解説する。

第1節　農地に関する法律

　農地関連の法律である，農地法，農業経営基盤強化促進法，農業振興地域の整備に関する法律，農地中間管理事業の推進に関する法律，都市農業振興基本法は，それぞれの法の目的，趣旨に基づき，農地の利用や振興などの政策，自治体レベルでの計画策定の基礎となっている。

　これらの法律は，規律上も，実務上も，相互に関連し合い，影響し合うことも想定されている。以下に，それぞれの法律について，内容を確認する。

1　農地法

　農地法（昭和27年法律第229号）は，1952（昭和27）年に制定され，これまで日本の食糧事情や，土地政策など社会情勢の変化に伴いその制度目的や政策は様々な変化を遂げ，現在に至る。本節では，制度制定から現在までを

第1章　農地に関する法律の変遷

大きく5つに分け，時代背景と政策について整理する。[1]

(1) **制定から1970（昭和45）年改正まで**

　現在の農地に関する法律は，戦後の農地改革を契機として，法制度の発展を遂げている。戦前の日本では，農地の45パーセントが，農民が地主から農地を借りて小作料を納めるいわゆる「小作地」であり，高額な小作料が農村の貧困の大きな原因となっていると指摘されていた。[2]

　このことから，1952年の農地法制定時には，第1条の法律の目的は「この法律は，農地はその耕作者みずからが所有することを最も適当であると認めて，耕作者の農地の取得を促進し，及びその権利を保護し，並びに土地の農業上の効率的な利用を図るためその利用関係を調整し，もつて耕作者の地位の安定と農業生産力の増進とを図ることを目的とする。」とされ，2009年の農地法改正まで農地法の目的として，自作農を原則とすることが掲げられた。

　1950年代半ばから高度経済成長期を迎え，農業から他産業へ人材が流出し，農村人口の減少が顕著になったことを契機に，1962年の農地法改正により，構造政策として他産業に従事した離農者の農地を専業農家へ集積し，所有権移転により自作農の規模拡大を目指すため，農地の所有権移転の要件緩和や，農業生産法人制度の導入などを行い，農業従事者が他産業従事者並みの生活水準を確保できるような方策を展開した。

　さらに，1968年には，高度経済成長期によって，人口や産業の急激な都市集中化への対策として，都市の無秩序な拡大を防止し，秩序ある発展を図ることを目的とし，都市計画法（昭和43年法律第100号）が制定され，都市部における土地利用や開発行為に対し一定程度の制限がなされた。

　しかし，都市部にもなお農地は多く存在し，また開発規制のない農村部への無秩序な開発行為を規制する必要が生じたため，翌1969年に農業振興地域の整備に関する法律（昭和44年法律第58号）が制定され，同年9月27日に施行された。

---

1) 農林水産省ウェブサイト「農地政策をめぐる事情（平成19年1月）」
2) 清水徹朗「日本の農地制度と農地政策―その形成過程と改革の方向」農林金融60巻7号348頁

これにより，指定された市町村は，知事との協議に基づき，農用地等として利用すべき土地の区域（農用地区域）及びその区域内にある土地の農業上の用途区分を定めた農用地利用計画を策定することとされ，農地の保全と有効利用のための転用制限，開発行為制限がされるに至った。

(2) 1970（昭和45）年から1993（平成5）年改正まで

高度経済成長期による急激な産業の変革，人口移動などを背景としながら，農業政策は，農地・農業従事者の確保のために，農地の所有権移転に関する制限を緩和し，農地の転用を制限することにより，自作農の原則を維持することを目指してきたが，その効果は限定的であった。

これまで，法制定の目的の一つでもあった耕作者の保護に重点を置き，耕作権を強く保護してきたが「一度貸したら返ってこない」との懸念が，政策推進のネックになっていることが指摘され，1970年の改正により耕作権保護規定の緩和を行った。これにより，合意による解約及び10年以上の定期賃貸借であれば知事の許可不要とし，借地による農業をも含め，農地の流動化を推進することとした。また，1962年農地法改正によって農業従事者適格が付与された農業生産法人についても，担い手確保のためその認定要件が緩和されることとなった。

さらに，1974年には都市農地については，都市部に対する農地特有の事情を考慮し，生産緑地法（昭和49年法律第68号）が制定され，市街化区域内の農地を都市計画制度に位置づけることとし，1975年には，農地の細分化を防止するため，区域を問わず農地への相続税納税猶予制度が導入された。

(3) 1993（平成5）年から2009（平成21）年改正まで

農地法制定時から，様々な政策や改正を行ってきたが，農地の保全，利活用，担い手不足，農業経営の課題といった以前より抱える問題に加え，1980年代以降は，相続による土地持ち非農家の増加及び農家の細分化，耕作放棄地への対応など新たな課題への対応の必要性が高まることとなった。

そこで，1993年には農業経営基盤強化促進法（（改正前・農用地利用増進法）昭和55年法律第65号）を制定し，国際化に対応し得る農政を展開し，

労働時間，所得が他産業並みの効率的かつ安定的な経営体を育成するため，これを目指す者を市町村が認定する認定農業者制度を創設し，さらなる農地の集約を目指した。

2000年代に入ると，農業生産法人制度への株式会社参入を認め，一定の要件を満たす株式会社の農地の権利取得への道を開いた。

さらに，2003年からは，実情に合わなくなった国の規制について，地域を限定して改革することにより，構造改革を進め，地域を活性化させることを目的として2002年度に創設された構造改革特区制度によって，担い手不足や耕作放棄地への対応として，遊休農地が発生又は発生するおそれがある地域については，一般の企業等がリース方式により農業に参入することを可能とするリース特区制度が創設された（特定法人貸付事業）。

併せて，集落営農組織を効率的かつ安定的な農業経営へ発展させるための特定農業団体制度の創設，遊休農地対策の拡充，農業生産法人の要件緩和等を改正点とした農業経営基盤強化促進法が同年9月に施行された。

2005年には，リース特区で行われていたリース方式による一般企業の参入（特定法人貸付事業）が全国展開され，同年3月に策定された新たな食料・農業・農村基本計画に基づく農地の集積化，耕作放棄地対策の整備等を体系化した農業経営基盤強化促進法の改正が行われた。

(4) 2009（平成21）年から2015（平成27）年改正まで[3]

2009年には，農地を最大限有効利用すること及び農地の減少を食い止め，農地を確保することを目的とし，農地法を抜本的に見直す改正がされた。

2009年改正農地法では，①農地法の目的，②農地の権利取得にかかる許可要件，③農地の貸借規制，④農業生産法人の該当要件，⑤農地の面的集積の推進にかかる取組，⑥休遊農地対策について，それぞれ大きく見直しがされた。

---

3) 農林水産省「改正農地法について（詳細版）」

① 農地法の目的

　農地が地域における貴重な資源であること，農地を効率的に利用する耕作者による地域との調和に配慮した権利の取得を促進することや農地所有者の責務として，農地の適正かつ効率的な利用の確保をすべきこと等を目的規定として明文化した。

② 農地の権利取得にかかる許可要件

　農地の権利取得に際し，周辺の農地の農業上の効率的・総合的な利用の確保に支障が生ずるおそれがないことを許可要件として創設し，地域との調和を目指した。

　また，権利取得後の下限面積の要件については，これまで都道府県知事が定めていたが，一定の要件下で，農業委員会が定めることが可能となり，より地域に根差した施策を可能とした。

③ 農地の貸借規制

　業務執行役員のうち１人以上の者がその法人の農業に常時従事することなどの一定の要件を満たすことにより，農業生産法人以外の法人による農地の賃借を可能とし，さらに農地の貸借期間の上限を20年から50年間に延長した。

　これにより，改正農地法施行後約３年６か月で農地法改正前の約５倍のペースで一般法人が参入するなど，農地を利用して農業経営を行う法人は着実に増加した。

④ 農業生産法人の該当要件

　農業生産法人への加工業者等からの出資制限の一部緩和や，これまで制限されていた農業協同組合による農業経営も，組合員の合意を得ることにより，一部可能となった。

⑤ 農地の面的集約の推進にかかる取組み

　市町村等の面的集積組織（農地利用集積円滑化団体）が委任を受けて，所有者に代理して農地を貸し付ける仕組みを創設した。

　これにより，これまで多数の農家と交渉しなければ実現できなかった規模拡大・面的集積を実現することや，自ら貸付けの相手を探せない者の農地を耕作放棄地化させず，確実に借り手につなげることが可

能となった。

⑥　休遊農地対策についての見直し

　市町村の判断に基づく対策を改め，これまで対象外であった市街化区域の農地も含めた全ての遊休農地を対象とした。農業委員会による年1回の農地の利用状況の調査を行い，1年以上耕作されていない又は今後も耕作される見込みがない農地については，その所有者等に対し，農業委員会が，指導，通知，勧告といった手続を一貫して実施することが可能となった。

　所有者等が勧告に従わない場合には，最終的に都道府県知事が裁定を行い，農地保有合理化法人等が利用権を設定できる措置を創設した。また，所有者不明の遊休農地については，知事の裁定で農地保有合理化法人等が利用できるよう措置された。

(5) 2015（平成27）年改正以降

　農地を所有する法人がいわゆる6次産業化（農林水産省「6次産業化の考え方（まとめ）」(2015年)。農林水産省ウェブサイト「用語の解説」「1次産業としての農林漁業と，2次産業としての製造業，3次産業としての小売業等の事業との総合的かつ一体的な推進を図り，地域資源を活用した新たな付加価値を生み出す取組」）を図り経営を発展させやすくする観点から，農地を所有できる法人の要件について見直しをし，これまで，農業関係者以外の者が総議決権の4分の1以下である必要があったが，これを総議決権の2分の1以下と改め，さらに，構成員の要件についても，農業関係者以外の者は，関連事業者（法人と継続的取引関係を有する者等）に限定されていたところ，農業関係者以外の者の構成員要件を全面的に撤廃した。

　また，法人の役員構成の要件についても，役員の過半が農業（販売・加工を含む。）の常時従事者であり，さらに，その過半が農作業に従事することが要件とされていたが，役員又は重要な使用人（農場長等）のうち，1人以上が農作業に従事していればよいとされ，議決権，構成員，役員，いずれに関する要件についても緩和された。

　さらに，農地を所有できる法人を，これまで「農業生産法人」と呼称していたが，農地を所有できる要件を満たしている法人であることを明

確にするため、その呼称を「農地所有適格法人」と変更した。

これまでみてきたように、農地法は、その時代ごとの人口動態、食糧事情など、社会情勢を踏まえ、制限のない農地の処分や宅地等への転用の規制をはじめとした各種の規律によって、その目的である国民に対する食料の安定供給の確保に資することを目指している。

2 農業経営基盤強化促進法[4]

農業経営基盤強化促進法（1980年制定当初は、「農用地利用増進法」）は、効率的かつ安定的な農業経営を育成し、このような農業経営が農業生産の相当部分を担うような農業構造を確立することにより、農業の健全な発展に寄与することを目的とし、地域において育成すべき多様な農業経営の目標を、関係者の意向を十分踏まえた上で明らかにし、その目標に向けて農業経営を改善する者に対する農用地の利用の集積、経営管理の合理化など、農業経営基盤の強化を促進するための措置を総合的に講じる目的で、制定された。

そのため、意欲ある農業者に対する農用地の利用集積、これらの農業者の経営管理の合理化等の措置を講じることとしている。

この措置の基盤となるのが、都道府県知事によって決定される農業経営基盤の強化の促進に関する基本方針である。

① 農業経営基盤の強化の促進に関する基本的な方向
② 効率的かつ安定的な農業経営の基本的指標
③ 新たに農業経営を営もうとする青年等が目標とすべき農業経営の基本的指標
④ 効率的かつ安定的な農業経営を営む者に対する農用地の利用の集積に関する目標
⑤ 農業経営基盤強化促進事業の実施に関する事項
⑥ 農地中間管理機構が行う特例事業に関する事項

上記の事項について、区域ごとに都道府県知事が、5～10年程度を見越

---

[4] 平24・5・31付24経営第564号農林水産省経営局長通知「農業経営基盤強化促進法の基本要綱」（最終改正：令6・4・1付5経営第3229号）

し，総合的な計画を立てるものとされている。

なお，⑥については，農地中間管理事業の推進に関する法律で，農地中間管理機構（農地バンク）の整備・活用について，別途新たに規定されているので参照いただきたい。

計画策定の方法として，2012年から，農業者等が話合いに基づき，地域農業における中心経営体，地域における農業の将来の在り方などを明確化し，市町村により公表する「人・農地プラン」が実施されていたが，地域内での話合いがなされず，形式的な計画に留まるものも多く，実質的な計画策定となっていないことが問題視されていた。

そこで，2022年5月に農業経営基盤強化法を改正し，
① 「人・農地プラン」を法定化し，地域での話合いにより目指すべき将来の農地利用の姿を明確化する地域計画を定めること
② 地域内外から農地の受け手を幅広く確保しつつ，農地バンクを活用

〈地域計画の策定・実行までの流れ〉

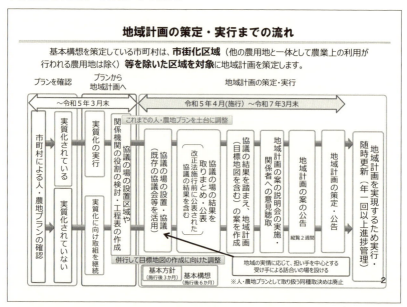

（出典：農林水産省ウェブサイト「地域計画策定マニュアル（令和5年12月）」(https://www.maff.go.jp/j/keiei/koukai/attach/pdf/chiiki_keikaku-59.pdf)）

した農地の集約化等を進めること
を定め，2023年4月に施行された。

　ここにいう地域での協議には，農地については，農業上の利用が行われることが基本であるとしながらも，農業生産利用に向けた努力を払ってもなお農業上の利用や維持が困難である条件の悪い農地について，「農業上の利用が行われる区域」の外の農地として粗放的な利用や林地化，鳥獣緩衝帯としての利用等を検討することも含まれる。

　なお，農業経営基盤強化法の改正により，2025年4月以降は，市町村が作成した地域計画（農用地利用集積計画）に基づく農地の賃貸借については，これまで行われてきた市町村が作成する相対の計画による貸し借りの方法を廃止し，農地中間管理機構が作成し，都道府県知事が公告する，「農用地利用集積等促進計画」に基づき，中間管理機構を経由する方法に一本化され，目標地図の実現に向けて農地中間管理機構による農地の集約化を推進するものとされた（2023年4月から2025年3月までは経過措置期間）。

3 農業振興地域の整備に関する法律[5]

　国土利用計画法（昭和49年法律第92号）は，国土利用計画の策定について定めるとともに，土地利用基本計画の策定，土地取引の規制に関する措置その他土地利用を調整するための措置を講ずることにより，国土形成計画法による措置と相まって，総合的かつ計画的な国土の利用を図るための法律として制定されている。

　日本における土地（国土）利用については，国土利用計画法9条規定の「土地利用基本計画」に基づき，都道府県単位で，その都道府県区域を，都市地域，農業地域，森林地域，自然公園地域，自然保全地域の5つの区域に分類し，それぞれ分類された区域ごとの土地利用に関する法律に従い，土地利用を計画的に行うものとされている。

---

[5] 平12・4・1付12構改C第261号農林水産省構造改善局長通知「農業振興地域制度に関するガイドライン」（最終改正：令5・12・31付5農振第2256号）

第1章 農地に関する法律の変遷

〈国土利用計画法体系〉

地域名	国土利用計画法上の規定	適用法令	運用
都市地域	一体の都市として総合的に開発し、整備し、及び保全する必要がある地域	都市計画法	・都市計画区域
農業地域	農用地として利用すべき土地があり、総合的に農業の振興を図る必要がある地域	農業振興地域の整備に関する法律	・農業振興地域
森林地域	森林の土地として利用すべき土地があり、林業の振興又は森林の有する諸機能の維持増進を図る必要がある地域	森林法	・国有林 ・地域森林計画対象民有林
自然公園地域	優れた自然の風景地で、その保護及び利用の増進を図る必要がある地域	自然公園法	・国立公園 ・国定公園 ・都道府県立自然公園
自然保全地域	良好な自然環境を形成している地域で、その自然環境の保全を図る必要がある地域	自然環境保全法	・原生自然環境保全地域 ・自然環境保全地域 ・都道府県自然環境保全地域

(参考：国土交通省ウェブサイト「都市計画法制」(令和6年3月更新) 2頁参照)

農業振興地域の整備に関する法律(昭和44年法律第58号)は、土地利用計画において、自然的、経済的、社会的諸条件を考慮して総合的に農業の振興を図ることが必要であると認められる地域(農業地域)について、その地域の整備に関し必要な施策を計画的に推進するための措置を講ずることにより、農業の健全な発展を図るとともに、国土資源の合理的な利用に寄与することを目的としている。

農業振興地域制度は、国土利用計画法9条に規定される「土地利用基本計画」に位置づけられている。国内の農業生産の基盤である農用地等の確保を図るための基本となる制度である。

土地利用基本計画では，①国（農林水産大臣）による農用地等の確保等に関する基本指針策定，②国の基本方針を踏まえ，農林水産大臣と都道府県知事の協議によって，都道府県による農業振興地域整備基本方針（以下「基本方針」という。）の策定及び都道府県内における，農業振興地域の指定，③都道府県知事から指定を受けた各市町村による農業振興地域整備計画の策定，以上①～③を通して，総合的に農業の振興を図るべき地域を明らかにし，農業地域として指定し，土地の農業上の有効利用と農業の近代化のための施策を総合的かつ計画的に推進するとされている。

また，農業振興地域整備計画で定める事項等として，以下のア～ケが挙げられている。

　ア　農用地利用計画
　イ　農業生産基盤の整備開発計画
　ウ　農用地等の保全計画
　エ　規模拡大農用地等の効率的利用の促進計画
　オ　農業近代化施設の整備計画
　カ　農業を担うべき者の育成確保のための施設の整備計画
　キ　農業従事者の安定的な就業の促進計画
　ク　生活環境施設の整備計画
　ケ　必要に応じイ～クに合わせて森林整備その他林業の振興との関連に関する事項

農業振興地域に指定された農地については，長期にわたり，農地転用や開発行為が禁止される。なお，農用地利用計画の変更（農用地区域からの当該農地の除外）が必要と認められる場合は，農用地利用計画の変更をした上で農地法による転用許可や開発行為の許可を得る必要がある。[6]

4　農地中間管理事業の推進に関する法律

農地中間管理事業の推進に関する法律（平成25年法律第101号）は，農地中間管理事業について，農地中間管理機構の指定その他これを推進するため

---

[6] 農林水産省ウェブサイト「農業振興地域制度の概要」

の措置等を定めることにより，農業経営の規模の拡大，耕作の事業に供される農用地の集団化，農業への新たに農業経営を営もうとする者の参入の促進等による農用地の利用の効率化及び高度化の促進を図り，農業の生産性の向上に資することを目的としている。2013年の農業経営基盤強化促進法の改正に併せて新たに制定された，「信頼できる農地の中間的受け皿」である農地中間管理機構（農地バンク）に関する法律である。

これまで，この法律の規定に基づき，市町村レベルで農用地集積などの計画を策定，実施してきたが，今後，高齢化や人口減少の本格化により，農業従事者の減少や耕作放棄地の拡大によって，地域の農地が適切に利用されなくなることが懸念されることから，①地域での話合いにより目指すべき将来の農地利用の姿を明確化する地域計画を定めること，②上記の地域計画を実現すべく，地域内外から農地の受け手を幅広く確保しつつ，農地バンクを活用した農地の集約化等を進めることを目的に，2022年5月に農業経営基盤強化法と併せて改正が成立している。

この法律では，都道府県に1つ，農業公社を指定し，農地中間管理機構（農地バンク）を設置するものとし，農地中間管理機構は，

① 廃業する農業者の農地や地域内で分散・錯綜して利用されている農地等について借受け
② 借り受けた農地について，基盤整備等の条件整備を行い，担い手（法人経営・大規模家族経営・集落営農・企業）がまとまりのある状態で農地を利用できるよう配慮した貸付け
③ 借り受けた農地を新規就農希望者への研修に活用
④ 業務の一部を市町村・農協等に委託し，農地中間管理機構を中心とする関係者の総力で担い手への農地集積・集約化を推進

することを役割として担うことが規定されている。[7]

農地バンク制度が創設された2014年から，農業の実際の担い手への農地集積は上昇し，全耕作面積における担い手の利用面積は，制度開始当初は約50パーセントであったが，2021年には，約59パーセントまで上昇した。

---

7) 農林水産省ウェブサイト「農地中間管理機構」，農林水産省「担い手の農地集積面積の推移」

5 都市農業振興基本法[8]

　市街化区域内農地は全農地の1.4パーセント程度であるが、都市農業の経営体数は全国の12.4パーセントを占め、農業産出額は6.7パーセントとなっている。都市農地は、まとまった農地がないこと等から、一般的に個々の経営面積は小さいが、温室等の施設を利用し年に数回転の野菜生産を行うことなどにより、年間販売金額（農業経営体数割合）が500万円以上の農業者も約17パーセント存在する[9]。都市農業特有の、都市部の消費者との距離の近さを活かし、消費地の中での生産という条件を活かした都市農業が展開されているといえる。

　こうした都市農業の安定的な継続を図るとともに、多様な機能の適切かつ十分な発揮を通じて良好な都市環境の形成に資することを目的として、2015年4月、都市農業振興基本法（平成27年法律第14号）が制定された。

　この法律では、都市農業について「市街地及びその周辺の地域において行われる農業」と定義し、法の基本理念として、①都市農業の有する機能の適切・十分な発揮とこれによる都市の農地の有効活用・適正保全、②人口減少社会等を踏まえた良好な市街地形成における農との共存、③都市住民をはじめとする国民の都市農業の有する機能等の理解の3点を挙げている。

　国や地方公共団体には、施策の策定及び実施の責務が定められており、政府に対しては、必要な法制上・財政上・税制上または金融上の措置、その他の措置をすべきものとされている（都市農業4条・8条）。

　また、都市農業を営む者や農業団体については、本法律の基本理念の実現に取り組む努力をするものとされ（同6条）、国、地方公共団体、都市農業を営む者等の相互連携・協力についても努力義務を定めている（同7条）。

　また、2016年5月には、都市農業振興基本法に基づき、都市農業の振興に関する施策についての基本的な方針、都市農業の振興に関し政府が総合的かつ計画的に講ずべき施策等について定める「都市農業振興基本計画」

---

[8] 農林水産省「都市農業をめぐる情勢について（2024年）」
[9] 農林水産省「2020年農林業センサス　5農産物販売金額規模別経営体数（2021年）」

が閣議決定され，担い手及び農地の確保や農業施策を本格展開することなど，都市農業振興に関する新たな施策の方向性が示され，的確な土地利用に関する計画の策定や，税制上の措置，農作業を体験することができる環境の整備，学校教育における農作業の体験の機会の充実等の施策を講ずべきものとされている。

6 土地改良法

土地改良法は，農用地の改良，開発，保全及び集団化に関する事業を適正かつ円滑に実施するために必要な事項を定めて，農業生産の基盤の整備及び開発を図り，農業の生産性の向上，農業総生産の増大，農業生産の選択的拡大及び農業構造の改善に資することを目的とした規律であり（土地改良法1条1項），小作農から自作農を中心とする農業政策の制度実施のために創設された法律である。

この法律にいう「農用地」とは，耕作の目的（農地法43条1項の規定により耕作に該当するものとみなされる農作物の栽培を含む）又は主として家畜の放牧の目的若しくは養畜の業務のための採草の目的に供される土地をいうとされている（土地改良法22条1項）。[10]

土地改良法における土地改良事業とは，以下の事業である（土地改良法2条2項）。

① 農業用地施設の新設等
農業用用排水施設，農業用道路その他農用地の保全又は利用上必要な施設（土地改良施設）の新設，管理，廃止又は変更

② 区画整理
土地の区画形質の変更の事業及び当該事業とこれに附帯して施行することを相当とする農用地の造成の工事又は農用地の改良若しくは保全のため必要な工事の施行とを一体とした事業

③ 農用地の造成
農用地以外の土地の農用地への地目変換又は農用地間における地目

---

[10] 末光祐一『Q&A地目，土地の規制・権利等に関する法律と実務』（日本加除出版，2023年）297〜298頁

変換の事業（埋立て及び干拓を除く。）及び当該事業とこれに附帯して施行することを相当とする土地の区画形質の変更の工事その他農用地の改良又は保全のため必要な工事の施行とを一体とした事業
④　埋立て又は干拓
⑤　災害復旧
　　農用地若しくは土地改良施設の災害復旧（津波又は高潮による海水の浸入のために農用地が受けた塩害の除去のため必要な事業を含む。）又は土地改良施設の突発事故被害（突発的な事故による被害）の復旧
⑥　交換分合（農用地集約）
　　農用地に関する権利並びにその農用地の利用上必要な土地に関する権利，農業用施設に関する権利及び水の使用に関する権利の交換分合
⑦　その他農用地の改良又は保全のため必要な事業

上記の事業を行うに際し，土地改良法に基づき土地改良事業として公共事業として行うことができる。

土地改良法3条に規定された土地改良事業を行う区域の農地所有者等の参加資格者15名以上により，土地改良事業の施行を目的として，都道府県知事の認可を受け，その地域について土地改良区を設立することができる（土地改良法5条）。

土地改良区は，以下の①から⑥の特徴を有する団体である。
①　土地改良事業のみを行う団体であり
②　事業は地区内の農業者の3分の2の同意が必要
③　事業地区内の農業者は当然に加入し，費用負担義務を負う
④　費用の滞納があった場合は，強制執行により徴収する
⑤　土地改良事業においては，法人税，事業税，事業所税，登録免許税，印紙税，固定産税等が非課税となる
⑥　土地改良区の事業については，国・都道府県の監督を受ける

土地改良事業において，交換分合（農地集約）のために，権利が設定され，又は移転される場合には，農地法3条の適用除外となる。

第2節 市街化区域内農地に関する法律

1 都市計画法

　都市計画法は，農業振興地域の整備に関する法律と同様，国土利用基本計画によって，都市地域として定められた地域について，その都市計画の内容及びその決定手続，都市計画制限，都市計画事業その他都市計画に関し必要な事項を定めることによって，無秩序な市街化を防止し，計画的な市街化を図るために制定された法律である。

　都市計画法は，その分類や，政策目的別に，都市計画関係法令として多くの法令が制定されており，建築基準法（昭和25年法律第201号）や生産緑地法などは都市計画関連法令として位置づけられている。

　都市計画分類として，土地利用関係，都市施設関係，市街地開発事業関係という3種類に分類がされ，それぞれ以下の表のとおり分類がされている。

〈都市計画別法令分類〉

都市計画別分類	土地利用関係	・建築基準法　・景観法　・都市緑地法 ・港湾法　・密集法　・都市再生特別措置法 ・被災市街地復興法　等
	都市施設関係	・道路法　・都市公園法　・下水道法 ・河川法　・流通業務市街地整備法 ・津波防災地域づくり法　等
	市街地開発事業関係	・土地区画整理法　・新住宅市街地開発法 ・都市再開発法　・首都圏近郊地帯整備法　等

（参照：国土交通省都市局都市計画課「都市計画法制（令和6年3月更新）」2枚目）

　さらに，政策目的別分類として，以下の表のとおり，各法令が10分類されている。

第2節　市街化区域内農地に関する法律

〈政策目的別法令分類〉

政策目的別分類	インフラ整備関係	・道路法　・都市公園法　・下水道法 ・河川法　等
	市街地整備関係	・土地区画整理法　・都市再開発法 ・新住宅市街地開発法 ・首都圏近郊地帯整備法　等
	都市再生関係	・都市再生特別措置法
	景観・緑地関係	・景観法　・歴史まちづくり法　・都市緑地法 ・生産緑地法　等
	古都・伝統的建造物群保存関係	・古都法　・文化財保護法
	防災・復興関係	・密集法　・被災市街地法
	流通業務関係	・流通業務市街地整備法
	臨港関係	・港湾法
	周辺環境対策関係	・航空機騒音対策法　・沿道整備法
	集落地域整備関係	・集落地域整備法

（参照：国土交通省都市局都市計画課「都市計画法制（令和6年3月更新）」2枚目）

(1) 都市計画区域の指定

　都道府県知事もしくは国土交通大臣によって，都市計画区域が指定される。ここで，都市計画区域に入らなかった地域は，非都市計画区域とされる。

　現在，国土の約27パーセントが都市計画区域に指定され，日本の総人口の約95パーセントが，都市計画区域内で居住しているとされている。[11]

　都市計画区域に指定されることにより，都市計画の決定，都市施設の整備，市街地開発事業の施行等を行うことができる。

　非都市計画区域においても，相当数の建築物の建築等が現に行われていたり，将来的に都市計画に基づき街づくりをする可能性がある地域や，開発の制限がされないことが妥当ではない地域については，準都市計画

---

11) 国土交通省都市局都市計画課「都市計画法制（令和6年3月更新）」6頁

区域として指定することが可能である。準都市計画区域に指定されることにより、用途地域、特別用途地区等8種類の都市計画を決定することが可能となり、土地については開発許可、建物については、建築確認の対象とすることが可能となる。これにより、土地利用を整序し、又は環境を保全するための措置を講ずることが可能となり、将来における一体の都市としての整備、開発及び保全に資するとされている。

(2) **都市計画マスタープラン**

マスタープランとは、ある計画の上位に位置づけられる総合的な計画のことを指す。都市計画法上のマスタープランは、①都市計画区域マスタープラン（都市計画区域の整備、開発及び保全の方針、都市計画法6条の2）と、②市町村マスタープラン（市町村の都市計画に関する基本的な方針、同18条の2）の2つを指し、都市計画マスタープランと呼ばれる。

① 都市計画区域マスタープラン

都市計画区域ごとに都市計画の基本的な方向性を示すものであり、都道府県等（策定区域が指定都市の区域内に限られる場合は指定都市）が策定するものとされている。都市計画区域内の都市計画は都市計画区域マスタープランに即したものでなければならないとされている。また、都市計画区域マスタープランについては、マスタープラン記載事項が法定されており、都市計画の目標、区域区分の決定の有無、及び当該区分を定めるときはその方針、主要な都市計画の決定の方針などが記載事項とされている。

② 市町村マスタープラン

住民に最も近い立場にある市町村が、住民の意見を反映しつつ、まちづくりの方針を明らかにするものであり、市町村ごとに策定される。記載事項は都市計画マスタープランと違い法定されていないが、国土交通省[12]より、定める事項の例として、市町村のまちづくりの基本方針、地区ごとの整備・開発・保全に関する目標、課題及び方針、土地利用・公共施設の整備及び市街地開発事業に関する都市計画の方針

---

12) 前掲（注11）「都市計画法制」8頁

等が挙げられている。
　市町村が定める個々の都市計画（地域地区など）は，策定した市町村マスタープランに即したものでなければならないとされている。

〈都市計画マスタープランまとめ〉

	都市計画マスタープラン	
	都市計画区域マスタープラン	市町村マスタープラン
策　定	都道府県等	市町村
内　容	都市計画区域ごとの都市計画の基本的な方向性	住民の意見を反映したまちづくりのビジョン（方針）
定める事項	〈法定〉 ① 都市計画の目標 ② 区域区分（市街化区域と市街化調整区域の線引き）の決定の有無及び区域区分を定めるときはその方針 ③ 土地利用，都市施設の整備及び市街地開発事業に関する主要な都市計画の決定方針 ※　①・③は努力義務	〈例〉 ・市町村のまちづくりの基本方針 ・地区ごとの整備・開発・保全に関する目標，課題及び方針 ・土地利用，公共施設の整備及び市街地開発事業に関する都市計画の方針　等

（参照：国土交通省都市局都市計画課「土地利用計画制度（令和6年3月更新）」6頁）

(3)　都市計画区域区分[13]

　都市計画区域について，無秩序な市街化を防止し，計画的な市街化を図るため必要があるときは，都市計画に，市街化区域と市街化調整区域との区分を定め，線引きすることができるとされている。区分を定め線引きをすることにより，一定期間内に積極的に市街化を促進すべき区域と市街化を抑制すべき区域とに分け，段階的な市街地形成を図ることを目的とし，導入された制度である。
　線引き制度によって，都市計画区域は，市街化区域又は市街化調整区

---

13) 国土交通省都市局都市計画課「土地利用計画制度（令和6年3月更新）」6頁，7頁

域の区分を定め線引きされた区域と線引きされていない区域の3つの区域に分けることができる。

市街化区域については，すでに都市を形成している区域と，おおむね10年以内には，優先的かつ計画的に市街化を図り，都市を形成していく地域が指定される。

〈都市計画区域区分〉

国　土	都市計画区域外		
		準都市計画区域	
	都市計画区域内	非線引き都市計画区域	
		線引き都市計画区域	市街化調整区域
			市街化区域

(4) **区域，地域指定**[14]

また，非線引き区域，市街化区域内（その他準都市計画区域）の土地には，用途の適正な配分，都市の再生の拠点整備，良好な景観の形成等の目的に応じた土地利用を実現するために地域や地区が設定されている場合がある。

これらの地域地区には，住居，商業，工業等の用途を適正に配分することを目的として，様々な利用制限が課されている用途地域をはじめ，特別用途地区，高度地区，景観地区，臨港地区等，多数の種類がある。

地域地区を指定することにより，都市機能，住環境のみならず，商業や工業における利便性の向上をも図ることを目的としている。

非線引き区域については，用途地域に指定されている地域はあるが，市街化区域や市街化調整区域は指定されない。また，市街化区域には，必ず用途地域が定められているが，市街化調整区域にはこのような定めがない。そのため，都市計画法の趣旨に基づき，市街化調整区域においては，開発が原則として禁止されている。

---

14) 前掲（注13）「土地利用計画制度」

(5) 用途地域分類

用途地域は，以下のとおり，分類され，それぞれの地域ごとに建築物の用途や建築形態の制限がされている。

〈用途地域分類〉

住居	第一種低層住居専用地域	第二種低層住居専用地域	第一種中高層住居専用地域	第二種中高層住居専用地域
	第一種住居地域	第二種住居地域	準住居地域	田園住居地域
商業		近隣商業地域	商業地域	
工業	準工業地域	工業地域	工業専用地域	

本書で取り扱う都市農地に密接に関する点として，「田園居住地域」が挙げられる。

田園居住地域は，住宅と農地が混在し，両者が調和して良好な居住環境と営農環境を形成している地域を，都市計画に位置付け，開発・建築規制を通じてその実現を図ることを目的とし，2017年改正都市計画法で新たに創設された地域である。

田園居住地域に指定された場合，

ア　農地の開発行為等について，市町村長の許可が必要

イ　市街地環境を大きく改変するおそれがある300平方メートル以上の開発行為等は原則禁止

ウ　低層住居専用地域に建築可能な施設及び農業用施設が建築可能

エ　日影等の影響を受けず営農継続を可能とするため，低層住居専用地域同様の形態規制

オ　田園住居地域内の宅地化農地（300平方メートルを超える部分）について，固定資産税等の課税評価額を2分の1に軽減

カ　田園住居地域内の宅地化農地について，相続税・贈与税・不動産取得税の納税猶予を適用可能

というように開発・建築等に一定の制約が課され，良好な居住環境と営農環境を維持する地域として，都市農業振興基本計画に基づく「都市農地が都市にあるべきものへ転換」を目指すこととされている。

(6) 開発許可制度

　開発許可制度は，市街化区域及び市街化調整区域の区域区分（いわゆる「線引き制度」）を担保し，良好かつ安全な市街地の形成と無秩序な市街化の防止を目的とした制度である。

　建築物の建築，第1種特定工作物（コンクリートプラント等），第2種特定工作物（ゴルフコース，1ヘクタール（1万平方メートル（ha））以上の墓園等）などの建設を目的とする「土地の区画形質の変更」を行おうとするものは，その開発が下記に該当する場合は，

　・都道府県知事，政令指定都市の長，中核市の長，特例市の長（都計29条）

　・地方自治法252条の17の2の規定に基づく事務処理市町村の長

の許可を受けなければならないとされている。[15]

〈区域区分と開発許可〉

区域区分			許可が必要な場合
都市計画区域及び準都市計画区域外			1 ha以上の開発
準都市計画区域			3,000㎡以上の開発
都市計画区域	非線引き区域		3,000㎡以上の開発
	線引き区域	市街化区域	1,000㎡以上の開発
		市街化調整区域	原則全ての開発

　なお，市街化調整区域は，開発許可を受けた開発区域以外においても，建築物の新築・改築・用途変更，第1種特定工作物の新設は，開発許可権者の許可が必要（建築許可）とされていることに注意を要する。

　ただし，国，都道府県等が行うものについては，開発許可権者との協議の成立をもって許可があったものとみなすとされている。

---

15) 国土交通省都市局都市計画課「開発許可制度（令和6年3月更新）」1頁

〈農地転用許可制度の基本的な仕組み〉

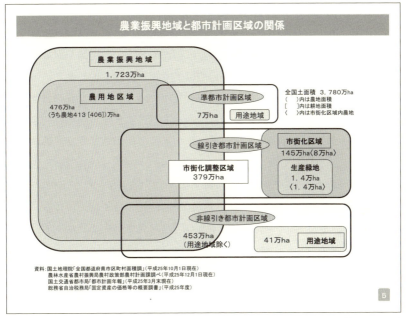

(出典:農林水産省ウェブページ「農業振興地域制度,農地転用許可制度等について」5頁)(https://www.maff.go.jp/j/nousin/noukei/totiriyo/tenyou_kisei/270403/pdf/sankou1.pdf)

2 都市の緑化,緑地保全に関する法律[16]

(1) 概　要

　都市の緑化,緑地保全に関する取組は,都市計画において,市区町村によって作成される「緑地の保全及び緑化の推進に関する基本計画」(以下「緑の基本計画」という。)によって,「緑の保全」,「緑の創設」といった観点から,市区町村や住民等が一体となって実施される。

　現行の法制度では,緑の基本計画において,主として,緑地の保全,緑化の推進,都市公園の整備に関する事項について定めるものとされて

---

16) 国土交通省都市局都市計画課「都市の緑化(令和6年4月更新)」

おり，都市公園の整備については，都市公園法（昭和31年法律第79号）に規定がされている。

　緑地の保全，緑化の推進については，緑地について行為規制を課す，特別緑地保全地区制度，緑地保全地域制度や地方公共団体が緑地の所有者と契約をして一般住民に緑地を開放する市民緑地契約制度といった緑地保全に関する制度や，敷地面積の一定割合以上の緑化を義務付ける緑化地域制度や土地所有者等の全員の合意で緑地の保全・緑化に関する協定を締結する緑地協定制度などの緑化の推進に関する制度は，都市緑地法に規定がされている。さらに，歴史的風土特別保存地区制度（古都における歴史的風土の保存に関する特別措置法（以下「古都保存法」という。）），風致地区制度（都市計画法），生産緑地地区制度（生産緑地法），保存樹・保存樹林制度（都市の美観風致を維持するための樹木の保存に関する法律（以下「樹木保存法」という。））やその他各自治体の条例に基づく制度など，都市緑地法（昭和48年法律第72号）以外の法律によって規定されている制度もある。

　本書において取り上げている生産緑地制度も，都市の緑化，緑地保全に関する法律の一制度として位置づけられている。

〈緑地保全，緑化推進に関する法制度〉

緑の基本計画	緑地の保全	緑地の保全	都市計画法	風致地区制度 水や緑などの自然的要素に富んだ良好な自然的景観の保全
			古都保存法	歴史的風土特別保存地区制度 歴史的建造物及びその周囲の自然的環境の保全
			生産緑地法	生産緑地地区制度 都市農地の保全，効率的な農地利用
			首都圏近郊緑地保全法等	近郊緑地保全区域制度 無秩序な市街化防止，良好な自然的環境を保全
			樹木保存法	保存樹・保存樹林制度 樹木の保存によって都市の美観風致を維持
			都市緑地法	緑地保全地区制度（都緑5条） 良好な自然的環境を緩やかな一定の行為制限などにより保全する制度

緑の創出	緑化の推進		特別緑地保全地区制度（都緑12条） 良好な自然的環境を建築行為など一定の行為の制限などにより現状凍結的に保全する制度
			緑化地域制度（都緑34条） 大規模敷地を対象に敷地面積の一定割合以上の緑化を義務付けし緑地の保全や緑化の推進を行う制度
			緑地協定制度（都緑45条〜57条） 全ての土地所有者等の合意で緑地の保全，緑化に関する協定を締結し地域で緑化を推進する制度
			市民緑地契約制度（都緑55条） 地方公共団体又はみどり法人が，土地等の所有者と契約により市民緑地を設置管理する制度
			市民緑地認定制度（都緑60条） 民有地を地域住民の利用に供する緑地として設置管理する計画を市町村長が認定し，緑化を推進する制度
			緑地保全・緑化推進法人（みどり法人）制度（都緑69条） 地方公共団体以外のNPO法人や株式会社などの団体がみどり法人として緑地の保全や緑化の推進を行う制度
	公園緑地整備	都市公園法	国営公園制度（都公3条3項） 国が維持管理を行う都市公園として，国土交通大臣が設置する制度 立体都市公園制度（都公20条〜26条） 適正かつ合理的な土地利用を図る上で必要がある場合に，都市公園の下部空間に都市公園法の制限が及ばないことを可能とし，都市公園の区域を立体的に定めることができる制度

(2) **都市緑地法**

　緑の基本計画における緑地の保全，緑化の推進について，都市緑地法によって規律がされている。都市緑地法は，都市において緑地を保全するとともに緑化を推進することにより良好な都市環境の形成を図り，健

康で文化的な都市生活の確保に寄与することを目的として制定された法律である（都緑1条）。

　1946年以前は，都市緑地や都市公園とされる土地のうち，都市緑地は「風致地区」として，都市公園は「都市計画施設」として，旧都市計画法の中に位置づけられてきた。1946年の特別都市計画法（昭和21年法律第19号。土地区画整理法施行法（昭和29年法律第120号）により廃止）の施行により，「緑地地区」が定められ，都市公園法が1956年に施行されたことにより，都市公園の整備水準，配置標準，管理基準等は，個別の法にそれぞれ定められた。

　1968年に新たな都市計画法が施行された後に，都市緑地の保全及び緑化の推進を定めた都市緑地保全法（昭和48年法律第72号）が施行され（1973年），緑地保全地区制度，緑化協定制度が創設された。

　その後，都市緑地保全法は，2004年に都市緑地法と名称変更がされ，今に至る。

　都市緑地法に規定されている，都市緑地に関する主な制度を以下に挙げる。

① 　緑地保全地区制度（都緑5条）

　　里地・里山など都市近郊の比較的大規模な緑地において，比較的緩やかな行為の規制により，一定の土地利用との調和を図りながら保全する制度。

② 　特別緑地保全地区制度（都緑12条）

　　都市の中の良好な自然的環境となる緑地において，建築行為など一定の行為の制限などにより現状凍結的に保全する制度。

③ 　緑化地域制度（都緑34条）

　　良好な都市環境の形成に必要な緑地が不足し，建築物の敷地内において緑化を推進する必要がある区域において，建築行為など一定の行為の制限などにより現状凍結的に保全する制度。

④ 　緑地協定制度（都緑45条・54条）

　　土地所有者等の合意によって緑地の保全や緑化に関する協定を締結する制度。

全員協定と呼ばれる土地所有者等の合意によって緑地の保全や緑化に関する協定を締結する45条協定と開発事業者が分譲前に市町村長の認可を受けて定める54条協定という2種類の協定が規律されている。

⑤ **市民緑地契約制度**（都緑55条）

地方公共団体又はみどり法人（下記⑦）が、土地等の所有者と契約を締結し、市民緑地（土地又は人工地盤、建築物その他工作物に設置される、住民の利用に供する緑地又は緑化施設）を設置管理する制度。

⑥ **市民緑地認定制度**（都緑60条）

空き地等の民有地を、所有者と賃貸借契約を締結するなどし、地域住民の利用に供する緑地として設置・管理しようとする者が、設置管理計画を作成し、市区町村長の認定を受けて、一定期間当該緑地を設置・管理・活用する制度。

⑦ **緑地保全・緑化推進法人（みどり法人）制度**（都緑69条）

一般社団法人、一般財団法人、NPO法人、その他の非営利法人又は都市における緑地の保全及び緑化の推進を目的とする会社が市区町村長の指定を受けることにより、みどり法人として緑地の保全や緑化の推進を行う制度。

みどり法人が特別緑地保全地区内の土地を購入する場合、地方自治体が購入する場合と同様の優遇措置を受けることができる。

(3) **都市緑地法以外の都市緑地に関する法律**

都市緑地法規定の制度以外にも、他の法律に規定された都市緑地の保全を目的とした制度がある。代表的な都市緑地の保全のための制度を以下に紹介する。

① **風致地区制度**（都計8条1項7号）

都市において、良好な自然的景観を形成している区域のうち、土地利用計画上、都市環境の保全を図るため風致（水や緑などの自然的な要素に富んだ土地における良好な自然的景観）の維持が必要な区域を定める制度。

② **歴史的風土特別保存地区制度**（古都保存法）

「古都」（京都市、奈良市、天理市、橿原市、桜井市、生駒郡斑鳩町、高市郡明日香村、大津市、鎌倉市、逗子市）における「歴史的風土」を後世に引

き継ぐべき国民共有の文化的資産として適切に保存するため、区域内での開発行為を規制すること等により、古都における歴史的風土や都市周辺の自然環境を保存する制度。

③ 生産緑地地区制度（生産緑地法）

　→次節（第3節）参照

④ 近郊緑地保全区域制度（首都圏近郊緑地保全法、近畿圏保全区域整備法）

　無秩序な市街化を行った場合、都市及びその周辺の地域の住民の健全な心身の保持に悪影響を及ぼしたり、公害もしくは災害が発生するおそれのある、首都圏の近郊整備地帯、又は近畿圏の保全区域内の樹林地等で、現在良好な自然の環境を形成し、かつ、相当規模を有しているものについて、国土交通大臣の指定により当該緑地を保全する制度。

⑤ 保存樹・保存樹林制度（樹木保存法）

　都市の美観風致を維持するため、都市計画区域内において市町村長が指定する樹木を保存する制度。指定によって所有者は枯損の防止や保存の努力義務を負い、所有者以外の者も、保存樹等が大切に保存されるよう協力する努力義務が課される。

第3節　生産緑地に関する法律（生産緑地法）

1 生産緑地制度概要

　生産緑地法は、市街化区域内の農地で、良好な生活環境の確保に効用があり、公共施設等の敷地として適している一定規模の農地を都市計画に定め、建築行為等を許可制により規制し、都市農地の計画的な保全を図ることを目的として1974年に制定された。

　主に三大都市圏の特定市の市街化区域内の農地等を、宅地化の促進を図る農地等（いわゆる宅地化農地）と今後とも保全する農地等とに二分し、後者については、生産緑地法に基づき生産緑地地区に指定し、都市農地の計

画的な保全を図っている。[17]

　生産緑地は，市街化区域内にある農地等であり，
① 　公害又は災害の防止，農林漁業と調和した都市環境の保全等良好な生活環境の確保に相当の効用があり，かつ，公共施設等の敷地の用に供する土地として適しているものであること（用地適格）
② 　500平方メートル以上の規模の区域であること（規模）
③ 　用排水その他の状況を勘案して農林漁業の継続が可能な条件を備えていると認められるものであること（継続性）

を要件として，都市計画に生産緑地地区を定めることができるとされている（生産緑地3条）。

　通常，市街化区域農地には，固定資産税について宅地並み課税がされるのに対し，生産緑地に指定された場合は軽減措置が講じられ，さらに，相続税については納税猶予制度の適用を受けることができる。

　主に税制面でのメリットに終始するが，広大な市街化区域内農地を所有する農業従事者にとっては，指定を受けることによる税制面でのメリットは相当にあると考えられる。

　一方で，生産緑地の指定を受けると30年間の営農を継続する必要がある。その間に，主たる農業従事者の死亡又は身体の故障が生じた場合には，生産緑地の所有者（後継者）は区市町村長に対して買取り申出をすることが可能となる。また，都市計画の告示から30年経過後に，さらに特定生産緑地の指定を受けない場合はいつでも買取り申出が可能となる（詳細は，第2章第2節2(6)参照）。

2　生産緑地制度の変遷

(1)　生産緑地法成立

　生産緑地法は，都市計画法，農業振興地域の整備に関する法律の関連法令として，位置づけられている。

　高度経済成長期における人口や産業の都市集中に伴い，無秩序な市街

---

17) 東京都都市整備局ウェブサイト「生産緑地地区」（最終更新日：令和6年1月11日）

化を防ぐため，1968年に都市計画法が制定されたのは，前述してきたとおりである。翌年（1969年）には，市街化区域の認定等に係る農林漁業との調整措置等について発出された通達（「都市計画法による市街化区域および市街化調整区域の区域区分と農林漁業との調整措置等に関する方針について」（昭44・8・22付44農地Ｃ第374号農林水産事務次官依命通知））において，当面は市街化区域内については，営農を継続するために必要な政策を実施するものとされた。しかし，都市化が進むにつれて，樹林地，草地，水辺地等が急速に減少したことに伴い，緑地が減少し，生活環境への悪影響も生じることとなった。生活環境の改善に加え，民有緑地を積極的に活用しつつ，公共施設等の用地をあらかじめ確保する必要性が生じたことから，1972年に都市公園等整備緊急措置法（昭和47年法律第67号。平成15年法律第21号により廃止），1973年に緑地保全地区制度，緑化協定制度を定める都市緑地保全法（2004年に都市緑地法に改題）が相次いで制定され，その翌年に生産緑地法が制定された。

いわゆる都市農地は，農業振興地域整備計画に基づいて指定された農振地域（さらにその中でも特に農業の振興を図るべき優良農地等を農用地区域として指定して農地の転用を制限）と，都市計画区域いずれにも該当し，両制度の管轄する行政庁が異なっていることからも，統一的な土地利用計画になっていないことが指摘されていた。[18]

とりわけ，1972年の地方税法の改正により，市街化区域内の農地は，市街化区域内農地の宅地化の促進，周辺宅地との税負担の均衡を図る必要性があるとして，宅地並みの固定資産税が課税されることとなったことが，市街化区域内に広大な農地を所有していた農業従事者にとって大きな問題となり，1974年の生産緑地法の制定により，生産緑地に指定された農地については宅地並み課税を免除され，さらにその翌年（1975年）には，相続税納税猶予制度が創設された（実際には，農地所有者の反対 農業経営の継続と宅地化促進との調整等との理由により，地方自治体が独自に課税減額措置等を行い，宅地並み課税の実質免除措置が実施されるケースが多くみられた

---

18) 清水徹朗「日本の農地制度と農地政策—その形成過程と改革の方向」農林金融60巻7号350頁

という[19]）。

　さらに，1982年には，地方税法の改正により，長期営農継続農地制度を制定し，固定資産税の納税猶予制度も創設した。長期営農継続農地制度では，今後10年以上の営農継続意思があり，農地が現に耕作されている場合には，当該農地の固定資産税について，宅地並み課税と農地相当課税との差額を徴収猶予し，5年経過後に免除するとした。

(2)　**1991年改正生産緑地法**

　1980年代後半に差し掛かると，バブル経済によって，不動産価格が高騰し，都市部ではさらなる土地問題・住宅問題の激化が深刻となった。これを受け，1988年，「総合土地対策要綱」が閣議決定され，三大都市圏を中心とする大都市地域の市街化区域内農地については，生産緑地地区等都市計画において，宅地化するものと保全するものとの区分を明確化することが明示された。

　1991年1月には，「総合土地政策推進要綱」が閣議決定され，大都市圏の特定の市における市街化区域内農地については，都市計画において，宅地化するものと保全するものとの区分を明確化することとされ，さらに，保全する農地については，市街化調整区域への逆線引きを行うほか，生産緑地制度を見直し，生産緑地地区の指定を行うことにより都市計画上の位置づけを明確化し，宅地化した農地にかかる固定資産税については，宅地並み課税の適用対象とすることとされた。

　上記閣議決定を受け，1991年4月に，租税特別措置法及び地方税法の改正がなされ，長期営農継続農地制度を平成3年度限りで廃止し，三大都市圏の特定市の市街化区域内においては，1992年1月1日以降に生じた相続については，生産緑地地区内の農地等を除いて，相続税の納税猶予制度の対象外とすることとした相続税納税猶予制度の見直しがされた。

　さらに，同じ時期に，生産緑地法が改正され（1991年9月施行），これまで，第1種・第2種に分類されていた生産緑地地区を統合し，面積要件について，1ヘクタール（第2種は0.2ha）であった生産緑地地区の面

19）農林水産省ウェブサイト「都市農業を巡る経緯と施策の現状」

積を500平方メートルに引き下げた。さらに，これまで10年（第2種は5年）であった，買取申出可能までの期間を30年とし，1992年から順次指定するものとされた。制度開始当初である1992年では，生産緑地以外の市街化調整区域内農地の合計面積30,628ヘクタールに対し，生産緑地に指定された農地の合計面積は15,109ヘクタールであった。[20]

　1991年の改正生産緑地法により，生産緑地地区の規模要件が，一団で500平方メートル以上と規定されていたため，要件を満たさない小規模な農地は，農地所有者に営農の意思があっても，保全対象とならなかった。また，複数所有者の農地が一団として指定された生産緑地地区において，一部所有者の相続の発生や，一部の農地が公共収用されたことによって，生産緑地地区の一部の解除が必要となった場合に，残された面積が規模要件を下回ると，他の所有者に営農意思があっても，生産緑地地区全体が指定解除されるといういわゆる「道連れ解除」が問題となっていた。[21]

(3) **2017年改正生産緑地法**

　そこで，2017年の生産緑地法改正によって，生産緑地地区の面積要件を条例によって300平方メートルまで引下げ可能とすること，営農者が，同一又は隣接する街区内に複数の農地を所有している場合，それらを一団の農地等とみなして指定可能（ただし，個々の農地はそれぞれ100平方メートル以上であることが必要）として面積要件を緩和した。また，従来，生産緑地地区内に設置可能な施設は，農林漁業を営むために必要で，生活環境の悪化をもたらすおそれがないものに限定するとして，生産緑地地区内に直売所等の設置をすることはできなかったが，本改正によって，生産緑地地区に設置可能な建築物として，農産物等加工施設，農産物等直売所，農家レストランを追加し，建築規制が一部緩和された。

　さらに，2017年改正生産緑地法では，2022年に1992年の制度開始当初に指定された生産緑地が買取申出可能となることから，生産緑地の所有者等の意向を基に，市町村が，当該生産緑地を特定生産緑地として指定

---

20) 国土交通省都市局都市計画課「都市の緑化（令和6年4月更新）」57頁
21) 国土交通省「生産緑地制度の概要」3頁

第3節　生産緑地に関する法律（生産緑地法）

できる，特定生産緑地制度を創設し，特定生産緑地として指定された場合，買取り申出ができる時期は，「生産緑地地区の都市計画の告示日から30年経過後」から，10年延期されるものとし，10年経過後は，改めて所有者等の同意を得て，繰り返し10年の延長ができるものとされた。

また，2018年には，生産緑地の解除・買取り申出を抑制し，宅地化を防ぐことにより都市農地を保全することを目的とし，自作が困難な場合でも，生産緑地を維持することを可能とするため，都市農地の貸借の円滑化に関する法律を整備し，生産緑地の貸借制度を創設した。

ここまで，生産緑地制度に関する制度の沿革を述べてきた。第2編第2章においても，生産緑地制度の詳細や実務上の注意点などを中心に紹介する。

〈農地・生産緑地に関する法律の変遷年表〉

1952年	農地法制定	戦後の農地改革による自作農を中心とした制度設計
1961年	農業基本法制定	農業の発展・農業の生産性格差是正
1962年	農地法改正	高度経済成長期の影響で農村人口が減ったことから，離農者の土地を専業農家へ集約するため，農地の所有権移転の要件緩和，農業生産法人制度の導入
1968年	都市計画法制定	無秩序な都市化を防止し，秩序ある都市発展のため，都市部における土地利用・開発行為に一定の制限
1969年	農業振興地域整備法制定	農村部への無秩序な開発行為を規制
1970年	農地法改正	市街化区域内の農地転用を許可から届出制に変更，農業生産法人要件緩和，借地制度による農地の流動化
1971年 1973年	税制改正（地方税法）	固定資産税の市街化区域農地を段階的に宅地並み課税とする改正
1974年	生産緑地法制定	1971年税制改正を受け，市街化区域内農地について第一種あるいは第二種生産緑地として指定した農地について都市計画上の制限を設ける代わりに課税上優遇措置を実施

第1章 農地に関する法律の変遷

1975年	租税特別措置法改正	相続税納税猶予制度導入
1980年	農用地利用増進法制定	効率的かつ安定的な農業経営の育成を目的とし制定
1982年	地方税法改正	長期営農継続農地制度導入
1989年	特定農地貸付法制定	一定の条件を満たす農地を市民農園地として貸付ける場合の特例法
1990年	市民農園整備促進法制定	市民農園の整備を適正かつ円滑に促進し, 良好な都市形成と農村地域の振興を目的として制定
1991年	生産緑地法改正 地方税法改正 租税特別措置法改正 (相続税納税猶予制度改正)	長期営農継続農地制度の廃止 第一種・第二種生産緑地地区を統合し買取申出期間を30年と翌年から順次指定を行い, 市街化区域内農地（生産緑地を除く）は相続税納税猶予制度の対象外とする改正
1993年	農業経営基盤強化促進法制定 (農用地利用増進法改正)	意欲ある営農者への農地利用集積・経営の合理化等の措置を行い, 農業経営基盤の強化を促進する目的で農地利用増進法を改正し制定
2000年	農地法改正	株式会社（公開会社でないもの）形態の農業生産法人を可能とし, 株式会社の農業参入が可能となる
2005年	農地法改正	賃貸借に限り農業生産法人以外の法人の農業参入を可能とする特定法人貸付事業が全国で運用開始
2009年	農地法改正	農地法の目的, 農地の権利取得にかかる許可要件, 農地の貸借規制, 農業生産法人の該当要件, 農地集約の推進にかかる取組み, 休遊農地対策について大幅な見直しが行われる
2013年	農地中間管理事業推進法制定 (農地バンク法)	農地の集約, 新規営農者の参入促進等の中間的受皿となる農地中間管理機構（農地バンク）制度創設
2015年	都市農業振興基本法制定	都市農業の安定的継続, 都市農業の機能の発揮を目的として制定
	農地法改正	特定法人貸付事業は廃止され, 農業生産法人は農地所有適格法人制度へ

2017年	生産緑地法改正	生産緑地の面積要件を緩和可能とし，生産緑地地区内での直売所等の一部の施設設置を可能とした
2018年	都市農地貸借円滑化法制定 租税特別措置法改正 （相続税納税猶予制度改正）	都市農地の賃貸借を円滑にするため，農地法3条許可や法定更新制度を適用除外とした 農地の相続税納税猶予の適用を受けている都市農地について，特定都市農地貸付等の制度に基づく賃貸借については納税猶予が継続できるとする制度改正
2022年	農業経営基盤強化法改正	人・農地プランの法定化

第2章 農地に関する制度

　第1章では，農地に関する法律の概要や，その沿革について概観してきた。本章では，第1章でみてきた各法律に基づく農地に関する制度についてより具体的に確認する。

第1節　農地一般

1　定義

　農地法にいう「農地」とは，耕作の目的に供される土地であるとされている（農地2条）。

　さらに，「耕作」とは，土地に労費を加え肥培管理を行って作物を栽培することをいうとされ，「耕作の目的に供される土地」には，現に耕作されている土地のほか，現在は耕作されていなくても耕作しようとすればいつでも耕作できるような，すなわち，客観的に見てその現状が耕作の目的に供されるものと認められる土地（休耕地，不耕作地等）も含まれる[22]。

　具体的には，作物の育成を助けるための耕うん，整地，播種，施肥，病虫害防除，刈取り，水の管理，除草等の一連の作業を行って作物を栽培している土地が農地であるとされている。

　農地法上の農地に該当するかどうかは，現況主義に基づくとされ，登記簿の地目が畑や田であることをもって，直ちに農地に該当するわけではない。また，登記簿上，宅地，山林や雑種地などの地目で登記されている土地であっても，耕作されている土地であれば，農地法の農地に該当する。ただし，家庭菜園などの宅地の一部を耕作しているものは，農地には該当しない[23]。

---

[22] 平12・6・1付12構改B第404号農林水産事務次官通知「農地法関係事務に係る処理基準について」（最終改正：令和6年3月28日5経営第3121号）

[23] 末光祐一『Q&A　地目，土地の規制・権利等に関する法律と実務』（日本加除出版，2023年）19頁

2 制　限

　農地法上の農地に該当する土地については，農地を保全するため，権利移動や転用の制限がされている。

　売買や贈与による所有権移転，又は地上権，永小作権，質権，使用貸借による権利，賃借権若しくはその他の使用及び収益を目的とする権利の設定，若しくは移転をする場合には，農業委員会の許可を受けなければならないとされており，許可を得ずにした売買等の法律行為は無効となる（農地3条）。

　また，都道府県知事等の指定された許可権者の許可を受けなければ，農地を宅地等に転用したり（農地4条），農地を転用するために行う権利移動をすることも認められない（農地5条）。このような，農地転用の制限は，農業上の土地利用のゾーニングを行う農業振興地域制度と個別の農地転用を規制する農地転用許可制度という2つの制度によって規制されている。

　農業振興地域制度では，都道府県知事によって，長期にわたり総合的に農業振興を図る地域として農業振興地域を指定するとされている。

　さらに農業振興地域に指定された地域の中で，一定の基準によって，市町村が将来的に農業上の利用を確保すべき土地として指定した区域（農用地区域）と，それ以外の区域（農振白地区域）に区別される。

　農地転用許可制度は，優良農地を確保するため，農地の優良性や周辺の土地利用状況等により農地を区分し，転用される農地は，当該地域の農業上の利用に支障がない農地となるよう誘導する役割を担っている。

　許可権者は，都道府県知事，農林水産大臣が指定する市町村長（面積が4haを超える場合は農林水産大臣と協議が必要）のいずれかとなる。

　農用地区域においては，農地転用は禁止され，農地転用許可制度においても，農地転用の許可申請があっても，不許可となるが，以下に該当する場合は，農地転用における農業委員会の許可は不要であるとされている。

・土地収用がされる場合
・農業経営基盤強化促進法による転用の場合
・国，都道府県，指定市町村が転用を行う場合

・市町村が土地収用法対象事業のため転用する場合

　ただし，国又は地方公共団体が行う転用であっても，学校，社会福祉施設，病院，庁舎及び宿舎を設置する場合における農地転用については，許可権者との協議が必要となり，当該協議の成立によって許可があったものとみなされること（法定協議制度）にも注意が必要である。

　一方，市街化区域内農地の転用は，許可制ではなく，転用した場合について当該地域の農業委員会に対し，届出すべきものとされている。

3 農業委員会

　農業委員会は，農業生産力の増進及び農業経営の合理化を図り農業の健全な発展に寄与することを目的とし，農業委員会等に関する法律（昭和26年法律第88号）に基づき，市町村長から独立し，公平，中立に事務を実施するために設置されている行政委員会である。

　農地等の利用の最適化の推進機関として位置づけられ，農地制度に関する業務執行の全国的な統一性，客観性を確保することを使命とする。そのため，原則として市町村ごとに必ず1つの農業委員会を設置する必要があるが，農地のない市町村については，設置はしないものとされ，農地面積が著しく小さい（都府県200ha以下，北海道800ha以下）市町村については，設置は市町村の任意とされている（農業委員会等に関する法律3条1項・5項）。反対に，市町村面積が著しく大きい（24,000ha超）又は農地面積が著しく大きい（7,000ha超）市町村には，区域を2以上に分けて，その各区域に農業委員会を置くことができるとされている（同3条2項・3項）。農業委員会は，市町村長が議会の同意を得て任命した「農業委員」が構成員となり，合議体として農業委員会としての意思決定を行う（同4条，8条）。

　農業委員会の主な役割として，農業の担い手への農地利用の集積・集約化，遊休農地の発生防止・解消，新規参入促進などを推進するため，農地法に基づく農地の売買・貸借の許可，農地転用案件への意見具申など，農地に関する事務を執行することが挙げられる。以下のように，農地に関する事務は，必須事務と任意事務に区別されている。

〈農業委員会の農地に関する事務〉

農業委員会の農地に関する事務	
必須事務	任意事務
農地法等によりその権限に属させられた事項（農地の売買・貸借の許可，農地転用案件への意見，遊休農地に関する措置など）（同6条1項）	法人化その他農業経営の合理化（同6条3項1号）
農地等の利用の最適化の推進（「農地利用最適化推進委員」を委嘱し，推進委員が担当区域における農地等の利用の最適化の推進を担当する）（同6条2項）	農業一般に関する調査及び情報の提供（同6条3項2号）

4 農地中間管理機構（農地バンク）

都市計画法の区域において，市街化区域外とされた都道府県の区域について，農用地の利用の効率化及び高度化を促進するため，
① 農用地等について農地中間管理権を取得すること
② 農地中間管理権を有する農用地等の貸付け
③ 農用地等について農業の経営又は農作業の委託を受けること
④ 農業経営等の委託を受けている農用地等について農業の経営又は農作業の委託を行うこと
⑤ 農地中間管理権を有する農用地等の改良，造成又は復旧，農業用施設の整備その他当該農用地等の利用条件の改善を図るための業務を行うこと。
⑥ 農地中間管理権を有する農用地等の貸付けを行うまでの間，当該農用地等の管理（当該農用地等を利用して行う農業経営を含む）を行うこと
⑦ 農地中間管理権を有する農用地等を利用して行う，新たに農業経営を営もうとする者が農業の技術又は経営方法を実地に習得するための研修を行うこと。
⑧ ①〜⑦の業務に附帯する業務を行うこと。

以上の業務を行う事業を「農地中間管理事業」とし，都道府県知事は，

農地中間管理事業を行う公的法人を,「農地中間管理機構」として各都道府県知事は一つの法人を指定することができる。指定された法人は,「農地バンク」,「公社」などといった名称で呼ばれていることが多い。

農地中間管理機構は,「人・農地プラン」によって策定された,地域計画で定める目標地図に沿って,対象地域について,地域の外からも農地を借りたい人(受け手)を募り,高齢化や規模縮小などにより農地を貸したい人(出し手)から借り受けた農地をまとまりある形で貸し付けるほか,所有者不明農地や遊休農地といった農地についても,所定の手続によって,出し手から借り受け,受け手に貸し付けることできる。

第2節　市街化区域内農地（宅地化農地）

1　概　要

1968年施行の改正都市計画法によって,都市計画区域内の線引き制度が導入され,三大都市圏等の都市において,市街化区域を設定したことにより,「市街化区域内農地」が誕生した。

都市計画制度において,市街化区域に指定された区域は,おおむね10年以内に優先的かつ計画的に市街化すべき区域であるとされていることから,農地転用制度においても市街化区域内農地については農業委員会への届出のみで許可を要することなく,自由に転用できるものとされた。

1970年代前半の税制改革によって,市街化区域内農地については,固定資産税を宅地並み課税とすることとされ,翌年には,生産緑地制度の創設により,指定された生産緑地は一般農地並みの税制措置を行うこととされたが,自治体独自で農地所有者に対し,独自の課税減額措置等を行っていた。その他,相続後20年間の営農を条件に相続税免除をする相続税納税猶予制度(1975年),一定期間の営農を条件に宅地並課税を免除する長期営農継続農地制度(1982年)の創設により,一般農地並みの税制措置を受けることが可能となった。

これによって,生産緑地に指定されない市街化区域内農地についても,

一般農地並みの税制措置を受けることが可能となるケースが多かったことから、生産緑地の指定が進まないといった事態となった。

　先述（第1章第3節2(2)）したとおり、1991年に閣議決定された総合土地政策要綱及び同年施行の改正生産緑地法によって、三大都市圏の特定市（東京23区及び首都圏、近畿圏又は中部圏内にある政令指定都市等）の市街化区域内農地は、都市計画において宅地化するものと保全するものを区分するとされた。この区分によって相続税納税猶予制度や長期営農継続農地制度も見直されたことにより、生産緑地に指定されない市街化区域内農地については、一般宅地と同様に都市計画法による都市計画制限、建築制限等の制限を受けないが、固定資産税については、宅地並み評価及び課税がされることとなった。

　一方、三大都市圏の特定市以外の市街化区域内農地は、生産緑地制度の適用がないため、固定資産税については、宅地並み評価であるが、一般農地に準じた課税がされることとなった。

　また、相続税納税猶予制度の適用を受けることも可能となり、相続開始から20年営農することによって、納税免除を受けることも可能である。

　なお、税制については、第3編で詳細に解説している。

第2章　農地に関する制度

〈農地に関する税制〉

区分			農地転用制限	都市計画制限	固定資産税	相続税納税猶予
都市計画区域内	市街化区域内	特定市区域内 生産緑地以外	原則届出のみ（許可不要）	特になし	宅地並評価 宅地並課税	納税猶予なし
		生産緑地	原則届出のみ（許可不要）	営農義務あり（30年経過後は買取申出可能） 建築制限あり	農地評価 農地課税（30年経過後指定解除の場合）宅地並評価 宅地並課税	納税猶予あり 終身営農により免除
		一般市町村内 生産緑地以外	原則届出のみ（許可不要）	特になし	宅地並評価 農地に準じた課税	納税猶予あり 20年営農により免除
	市街化区域外		原則届出のみ（許可不要）	・市街化調整区域⇒開発許可が必要 ・それ以外⇒面積基準により開発許可必要	農地評価 農地課税	納税猶予あり 終身営農により免除
都市計画区域外			原則許可制	—	農地評価 農地課税	納税猶予あり 終身営農により免除

2 生産緑地（保全する農地）

(1) 制　度

　生産緑地制度は，これまで述べてきたとおり，市街化区域内の農地で，良好な生活環境の確保に効用があり，公共施設等の敷地として適している一定規模の農地を都市計画に定め，建築行為等を許可制により規制し，都市農地の計画的な保全を図る制度である。

　都市における農地には，都市農地特有の役割があるとされ，①大都市への新鮮な農産物の供給，②身近な農業体験・交流活動の場の提供，③災害時の防災空間の確保，④やすらぎや潤いをもたらす緑地空間の提供，⑤国土・環境の保全，⑥都市住民の農業への理解の醸成といった多様な役割を果たしている[24]。

　市街化区域内にあって「保全する農地」と区分された生産緑地地区は，生産緑地法に基づき長期間農地としての管理が求められることにより，市街化区域内に位置するものであっても，効用が短期なものに限定せず農業施策を実施することが可能となった。

(2) 要　件

　生産緑地に指定されるには，以下の要件を満たすことが必要である。

【用地適格】

① 　生産緑地地区の都市計画決定をした市町村内にある現に農業の用に供されている農地等であること

② 　公害又は災害の防止，農林漁業と調和した都市環境の保全等良好な生活環境の確保に相当の効用があり，かつ，公共施設等の敷地の用に供する土地として適しているものであること（規模）

③ 　500平方メートル以上の規模の区域であること（条例によりその規模を300㎡まで引下げ可能）。

【継続性】

④ 　用排水その他の状況を勘案して農林漁業の継続が可能な条件を備え

---

[24] 農林水産省「都市農業をめぐる情勢について（令和6年4月）」19枚目

ていると認められるものであり，農業の継続が可能であること（原則として30年間の営農）

(3) 手　続

生産緑地として指定を受けるためには，前項(2)の要件を満たすほか，都市計画法上の都市計画決定の手続に従って，都市計画を決定する必要がある。

ただし，他の都市計画の決定とは異なり，生産緑地指定には，当該農地の所有者の他，対抗要件を備えた地上権若しくは賃借権又は登記した永小作権，先取特権，質権若しくは抵当権を有する者及びこれらの権利に関する仮登記若しくは差押えの登記又は農地等に関する買戻しの特約の登記の登記名義人の同意が必須とされている。

〈生産緑地として指定を受ける場合のフロー〉

```
┌─────────────────────────────────────┐
│ 生産緑地に指定したい農地                │
│ ・都市計画原案作成                     │
│ ・農地所有者等利害関係人の同意を得る    │
└─────────────────────────────────────┘
```

```
┌─────────────────────────────────────┐
│ 都市計画法の手続                       │
│ ・都市計画決定にかかる縦覧，公聴会の開催（都計16条）│
│ ・都市計画案縦覧，意見書提出（都計17条）  │
│ ・都市計画地方審議会開催，知事との協議（都計19条）│
└─────────────────────────────────────┘
```

```
┌─────────────────────────────────────┐
│ 生産緑地指定                           │
│ ・生産緑地としての都市計画決定（都計20条）│
│ ・生産緑地地区として管理を開始          │
└─────────────────────────────────────┘
```

(4) 管　理

市町村は，生産緑地地区に関する都市計画が定められたときは，その地区内における標識の設置その他の適切な方法により，その地区が生産緑地地区である旨を明示しなければならない（生産緑地6条）とされ，それぞれの市区町村で決定した方法によって，生産緑地内に標識を設置し

たり，ホームページ上で生産緑地に指定された地区を掲載するなど，生産緑地地区である旨の明示を行うこととなる。

また，生産緑地に指定された農地等の所有者は，農地等として適切に管理し，30年間は農地等として営農することが義務付けられ，農地以外の土地利用をすることができない。そのため，農地等の所有者は，市町村長に対し，当該生産緑地を農地等として管理するため必要な助言，土地の交換のあっせんその他の援助を求めることができるものとされている（生産緑地7条2項）。

(5) 制　限

生産緑地として指定された地区については，生産緑地法8条1項の規定により，

① 　建築物その他の工作物の新築，改築又は増築（建築制限）
② 　宅地の造成，土石の採取その他の土地の形質の変更（土地改良制限）
③ 　水面の埋立て又は干拓（埋立制限）

を行う場合には，市町村長の許可を受けなければならないとされていることから，一定の農業用の施設等を除き，これ以外の建築物などの新築・増改築の行為や，土地の改良，水面の埋立て，干拓は原則許可を受けることはできず，当該行為を行うことはできない。

ただし，以下の施設については，設置又は管理に係る行為で良好な生活環境の確保を図る上で支障がないと認めるものに限り，市町村長が許可をすることができるとされている。

・農業生産資材の貯蔵保管施設
・農産物の処理貯蔵のための共同利用施設
・農業従事者の休憩施設
・農産物の直売所
・農産物を使用したレストラン　等

しかし，生産緑地の保全に無関係な施設（一般的なスーパーやファミリーレストラン等）の設置や過大な施設建築を防ぐため，生産緑地法施行規則

2条により，以下の基準を設けている。

- ・施設設置後に残る農地面積が地区指定の面積要件以上であること
- ・施設の規模が全体面積の20パーセント以下であること
- ・施設設置者が当該生産緑地の主たる従事者であること
- ・生産緑地及びその周辺地域で生産されている食材を使用していること

　これらの規定に反し，建物の新築など許可が必要な行為を無許可で行った場合や，基準を満たさない施設の設置を行った場合，許可に付けられた条件に違反した場合などにおいては，市町村長から，当該土地所有者（もしくはその承継人）に対して，相当の期限を定めて，生産緑地の保全に対する障害を排除するため必要な限度において，その原状回復を命じることができる。また，原状回復が著しく困難である場合は，これに代わるべき必要な措置を採るべき旨を命ずることができるとされ，代執行も可能であると規定されている（生産緑地9条1項・2項）ことから，生産緑地に指定された場合は，その土地の利用について厳しい制限に服すことになる。

　さらに，一たび生産緑地地区に指定されると，以下の場合にのみ生産緑地地区の指定が一部又は全部廃止され，自ら生産緑地地区の指定を希望により廃止することはできない。

① 　買取申出のあった生産緑地で，行為制限が解除になった場合
② 　公共施設等の敷地に供された場合
③ 　都市計画上の必要性が生じた場合
④ 　上記による廃止に伴い，残った農地のみでは生産緑地地区としての指定要件を欠くこととなった場合
⑤ 　土地区画整理事業の仮換地指定等により，事業計画上やむを得ず生産緑地地区としての指定要件を欠くこととなった場合（指定要件を欠くことがない場合は，土地区画整理事業の仮換地指定等により生産緑地地区が廃止されることはない。）

(6) 買取申出（生産緑地7条～9条）

　生産緑地地区の指定から30年経過後，又は30年の間に，主たる従事者の死亡・心身故障が生じた場合には，営農者あるいはその相続人等の承継者が営農を継続するか否かを判断することが可能であり，営農を継続しない場合には，生産緑地の所有者は市町村に対して買取申出することが可能となる。

　なお，主たる従事者の心身故障については，傷病などにより，農業に従事することが不可能となる故障であり，一般的に「農業に従事できないこと」が確認できる医師の診断書等の提出が必要となる。また，生産緑地地区指定から30年経過していても，特定生産緑地地区として指定を受けた場合は，引き続き10年間は買取申出を行うことはできない。

　買取申出は，市町村長に対して行い，申出がされた市町村は，買取りを検討し，その結果を申出した者に通知する。

　買取りが決定された場合は，その後買取価格を決定するために協議を行い，協議が成立した場合は，市町村において都市計画を変更し，生産緑地地区から除外し，公園・緑地等として整備する。

　買取価格について協議が成立しなかった場合は，収用委員会による決裁を申請し，買取価格を決定し，買取りを行う。

　市町村が買取りをしない場合は，農林漁業希望者へのあっせんをするため，農業委員会にあっせんを依頼し，あっせんが成立した場合は，あっせんを受けた営農者によって，生産緑地として引き続き営農される。

　あっせんが不調に終わった場合は，買取申出から3か月経過をもって，行為制限を解除することとされている。

〈買取申出のフロー〉

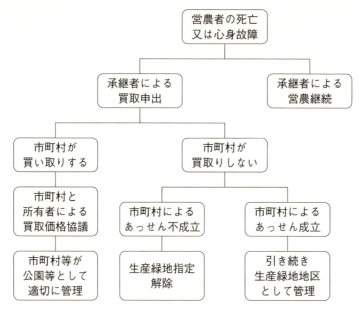

(7) **都市農地の貸借の円滑化に関する法律**[25]

　農業従事者の減少・高齢化が進み，都市農地の所有者が自ら農地の有効活用が困難な状況がある一方，都市農地は，土地の価格が高額であり，ほかの営農者が活用に苦慮する農地の所有者から農地を購入し，農業を行うことは困難であることが多い。都市において貴重な資源である都市農地の有効な活用を図っていくためには，農地所有者だけでなく，意欲ある都市農業者が都市農地を借りて活用することが重要であることがこれまでも指摘されていた。

　しかし，従前の制度では，都道府県知事の許可を受けた上で，当事者が賃貸借契約を更新しない旨の通知をしない限り，従前と同一の条件で契約が更新される法定更新制度があったことから，一度賃貸借契約をすると，賃借人の信義則違反等，限られた場合のみでしか契約を終了する

---

25) 農林水産省「都市農地の貸借の円滑化に関する法律の概要」（令和2年10月）

ことができず,期間の定めなく長期間賃貸借契約に拘束されることが,問題視されていた。

また,所有者が都市農地の相続税納税猶予の適用を受けている場合,税制上,農地を貸し付けることによって,納税猶予が打ち切られることから,農地所有者にとって,農地を貸し付けることのメリットが少ないとされていた。

このような事情に対応するため,都市農地を貸借しても,法定更新が適用されない新しい制度として都市農地の貸借の円滑化に関する法律(以下「都市農地貸借円滑化法」という。)を2018年9月に制定し,都市農地貸借円滑化法による都市農地の貸付けについて相続税納税猶予が継続するよう税制措置を行った。

都市農地貸借円滑化法における「都市農地」とは,生産緑地法3条1項の規定により定められた生産緑地地区の区域内の農地をいうとされている(都市農地貸借円滑化法2条)。

都市農地を自ら耕作するために,農地の所有者から賃借権等の設定を受けようとする者は,当該農地における耕作の事業に関する計画(事業計画)を作成し,農業委員会の決定を経て市区町村長の認定を受けた場合に,農地法3条(農地の権利移動の制限)及び17条(法定更新)の規定の適用を除外することによって,都市農地所有者が安心して農業者に土地を貸し付けることを可能とする制度設計となっている。

(8) **市民農園**(市民農園整備促進法・特定農地貸付法・都市農地貸借円滑化法)

「市民農園」とは,都市住民のレクリエーション,高齢者の生きがいづくり,生徒・児童の体験学習などの多様な目的で,農家でない住民が小さな面積の農地を利用して自家用の野菜や果物,花などの作物を栽培する農園のことをいう。「市民農園」という呼び名のほか,「農業体験農園」,「ふれあい農園」など様々な名称で呼ばれている[26]。

1989年,地方公共団体及び農業協同組合が開設する場合に,区画分けされた小面積の農地を短期間貸し付ける場合の農地法上の特例を設けた

---

26) 農林水産省「市民農園をはじめよう!!令和6年度版」(令和6年3月)11頁

特定農地貸付けに関する農地法等の特例に関する法律（以下「特定農地貸付法」という。平成元年法律第58号）が制定され，その翌年の1990年には，農機具庫や休憩所等の附帯施設を備えた市民農園の整備を適正かつ円滑に推進するための措置を講ずることにより，健康的でゆとりある国民生活の確保を図るとともに，良好な都市環境の形成と農村地域の振興に資することを目的として，市民農園整備促進法（平成２年法律第44号）が制定された。

2006年には特定農地貸付法が改正され，地方公共団体及び農業協同組合以外の者による市民農園の開設が可能となった。

また，都市農地を有効活用することを目的として，2018年に都市農地の貸借の円滑化に関する法律（平成30年法律第68号）が制定され，市民農園開設のための都市農地（生産緑地）を借りやすくする仕組みが創設された。

市民農園の開設主体には，①市区町村などの地方公共団体，②農業協同組合，③農家などの農地の所有者，④農地の所有者でないもの（企業やNPO法人等の団体）が想定されている。

また，開設方法については，(ア) 貸付方式と(イ) 農園利用方式がある。

(ア) 貸付方式

　　貸付方式は，利用者に農地を貸す方式であり，原則として，特定農地貸付法の所定の手続が必要となる。特定農地貸付法では，地方公共団体等以外の市民農園開設者は，地方公共団体等を経由して農地を借りる必要があるが，都市農地の貸付けについては，都市農地貸借円滑化法によって，市民農園開設者が農地所有者から直接都市農地を借りて貸付方式の市民農園を開設できる措置が新設された。

(イ) 農園利用方式

　　農園利用方式は，利用者に農地を貸借するのではなく，園主の指導の下で利用者が継続的に農作業を行う方式であり，開設者と利用者の間で農地法等の手続は不要である。農園主のきめ細かい指導の下で利用者が農業体験を行う「農業体験農園」といった形で広がりをみせている。

さらに、農地に農機具庫や休憩施設等の市民農園に必要な施設を設置する場合には、市民農園整備促進法の規定に基づいて所定の手続を行った場合、特定農地貸付法（あるいは都市農地貸借円滑化法）の手続及び農地法の農地転用の手続が不要となるとされている。

〈市民農園開設に関する制度〉

制　度	概　要
特定農地貸付法	一定の要件を満たす貸付方式の市民農園の開設に伴う農地の貸借等について農地法の許可を不要とする農地法の特例などを定めた法律。 中間管理機構や地方自治体を介在させて貸借する。 【要件】 ① 10 a（1,000㎡）未満の貸付け ② 相当数の者を対象とした貸付け ③ 貸付期間が5年を超えない ④ 利用者は非営利で農作物を栽培すること
都市農地貸借円滑化法	生産緑地地区内の農地（都市農地）を貸借するための法制度。 ① 借主自ら耕作する場合 ② 特定都市農地貸付け（市民農園として利用者へ貸付け）をする場合 に、承認の要件は特定農地貸付法と同様とし、所有者から直接農地を借りることができる。
農園利用方式	農業を営む所有者の指導の下で、市民農園の利用者に継続的に農作業を行ってもらう方式の市民農園の開設者は、農園の利用者に対し農地を貸し付けるわけではないので、農地法等の許可は不要。
市民農園整備促進法	農機具庫や休憩施設等の市民農園施設を備えた市民農園（貸付方式及び農園利用方式）を整備する場合の農地法等の特例を設けた法律。 整備運営計画を作成し、市町村から市民農園の開設の認定受けた場合には、特定農地貸付法（又は都市農地貸借円滑化法）の承認があったものとされ、市民農園施設の整備に必要な農地の転用についての農地法転用許可が不要となる。

第2章　農地に関する制度

(9) **特定生産緑地**
① 制度概要

　　1992年より生産緑地法に基づく生産緑地指定制度が開始し，生産緑地に指定された農地の主たる農業従事者の死亡や故障等による耕作不能となる事情が生じなければ，30年は買取申出ができないとされていた。制度開始当時に生産緑地の指定を受けた農地の所有者が期間満了とともに買取申出を行った場合，自治体が農地として購入するのではなく，多くが生産緑地の指定を解除した上で，宅地に転用し売却することが想定されていた。そのため，1992年の制度開始時から30年を迎える2022年は，指定された生産緑地である農地の買取申出ができる最初の年にあたることから，宅地転用された農地が市場に放出され，今まで生産緑地が担ってきた諸機能が機能不全になることや，隣接農地への悪影響を問題視され，かねてより「2022年問題」として対応が必要であるといわれていた[27]。

　　そこで，2022年問題としての対応として，国は2017年に生産緑地法を改正し，改正生産緑地法において特定生産緑地制度[28]を創設した（生産緑地10条の2）。改正生産緑地法は，2018年4月1日より，施行されている。

　　特定生産緑地制度は，既に生産緑地に指定されている所有者等の意向を基に，市町村長の告示から30年を経過するまでに（買取申出が可能となるまでに）生産緑地を，特定生産緑地として指定できる制度である。

　　2022年には，生産緑地に指定された土地の面積の8割が買取申出可能となることから，都市計画上，不安定な状況となることが懸念されていたが，特定生産緑地制度によって，申出基準日以後も，引き続き生産緑地が保全され，良好な都市環境の形成が図られることが期待されている。

---

[27] 今仲清＝下地盛栄『四訂版　図解　都市農地の特例活用と相続対策』（清文社, 2019年）2頁参照

[28] 国土交通省都市局都市計画課公園緑地・景観課「特定生産緑地指定の手引き」（令和4年2月版）第1部制度概要編6頁

② 指定手続[29]

　生産緑地の所有者の意向を基に，市町村長は告示から30年を経過するまでに，生産緑地を特定生産緑地として指定できるとされている。特定生産緑地の指定を受けた場合は，買取申出ができる時期が，「生産緑地地区の都市計画の告示日から30年経過後」から，10年延長され，延長後も更に10年を経過する前であれば，改めて所有者等の同意を得て，繰り返し10年延長することができる。

　引き続き特定生産緑地に指定された場合は，税制については，従来の生産緑地に措置されてきた税制が継続される。

　特定生産緑地に指定されずに30年を経過した場合は，買取りの申出をしない場合であっても，従来の生産緑地における税制措置は終了し，激変緩和措置はあるものの，基本的には原則どおり宅地並み課税等の取扱いとなる。

　特定生産緑地の指定は，告示から30年経過するまでに行うこととされており，30年経過後は特定生産緑地として指定できないことに注意を要する。

　また，特定生産緑地に指定されなかった生産緑地は，指定後30年が経過し，いつでも買取申出ができる生産緑地地区となり，所有者から買取申出がなされるまでは，都市計画からは除外されず，営農義務や行為規制は存するものとされる。

　また，特定生産緑地の指定に際しては，条文上は面積要件の規律がなく，生産緑地地区の一部を特定生産緑地に指定することも可能であるとされている。

　実務上の具体的な注意点等は，第2編第2章で解説している。

---

29) 前掲（注28）「特定生産緑地指定の手引き」第2部手続き編2指定の手続13頁以下

〈特定生産緑地指定の時系列〉

時系列（例）		
1992年4月	生産緑地地区都市計画告示	
2008年5月	生産緑地所有者に相続発生 ⇒相続人が営農継続を選択	買取申出→市町村による買取りor宅地化
2022年4月	生産緑地地区都市計画告示から30年経過後，特定生産緑地地区指定の有無	有：10年間特定生産緑地として指定
		無：2022年4月より買取申出可能
		指定されない場合，生産緑地地区都市計画公示から30年経過をもって買取申出可能となり，期間経過後に特定生産緑地指定を受けることは不可 ➡期間満了によって当然に指定解除がされるわけではないので行為制限は引き続きあり
2032年4月	特定生産緑地指定から10年経過後，指定期間延長の有無	有：10年間特定生産緑地として引き続き指定
		無：2032年4月より買取申出可能
		指定の延長がされない場合，特定生産緑地指定から10年経過をもって買取申出可能となり，期間経過後に再度特定生産緑地指定を受けることは不可 ➡期間満了によって当然に指定解除がされるわけではないので行為制限は引き続きあり

第2編 農地の実務

第1章 農地一般（許認可，届出，転用等）

　本編では，農地について必要な手続や移転，転用等の際の実務について，第1章では一般農地，第2章では生産緑地について，それぞれ解説する。また，移転や転用の際の登記手続については，第3章で扱う。

第1節　権利移動の制限（農地法3条許可）

　農地法3条により，個人や法人が，農地を売買又は貸借する場合には，原則として，その農地の所在する市町村の農業委員会の許可が必要である旨が定められている。許可を得ないでした行為については，無効である旨も規定されている（農地3条3項）。

　農地法3条所定の許可を得る必要があるのは，農地を農地のまま耕作目的による権利移動・設定を行う場合であり，宅地化した農地の権利移動をする場合については，農地法5条所定の転用許可を得る必要がある。

1 許可の要否

　農地法3条は，「農地又は採草放牧地について所有権を移転し，又は地上権，永小作権，質権，使用貸借による権利，賃借権若しくはその他の使用及び収益を目的とする権利を設定し，若しくは移転する場合」には，農業委員会の許可を受けなければならないとしているが，農地法3条1項1号～16号の各号に，農地法3条1項の規定の適用除外が列挙されている。

第1章　農地一般（許認可，届出，転用等）

〈農地法3条1項の適用除外（農地法3条1項15号まで）〉

農林水産大臣による売払い（農地46条1項・47条）により所有権が移転される場合
管理不全農地等に農地中間管理権が設定される場合（同37条〜40条）
所有者不明農地について利用権が設定される場合（同41条）
農地の権利を取得する者が国又は都道府県である場合
土地改良法，農業振興地域の整備に関する法律，集落地域整備法又は市民農園整備促進法による交換分合によってこれらの権利が設定され，又は移転される場合
農地中間管理事業による権利の設定又は移転される場合（農地中間管理18条8項）
特定農山村地域における農林業等の活性化のための基盤整備の促進に関する法律による所有権移転等促進計画に基づく権利の設定又は移転がされる場合（同法2条3項3号）
農山漁村の活性化のための定住等及び地域間交流の促進に関する法律による所有権移転等促進計画に基づく権利の設定又は移転がされる場合（同法5条10項）
農林漁業の健全な発展と調和のとれた再生可能エネルギー電気の発電の促進に関する法律による所有権移転等促進計画に基づく権利の設定又は移転がされる場合（同法5条4項）
農事調停による場合
土地収用法等に基づく収用による場合
遺産分割，財産分与における審判又は裁判あるいは特別縁故者への財産分与の審判によって，権利を設定又は移転する場合
農地中間管理機構が農地売買等事業の実施により権利を取得する場合
農業協同組合の信託事業又は農地中間管理機構が信託事業による信託の引受けにより所有権を取得する場合及び信託の終了によりその委託者又はその一般承継人が所有権を取得する場合
農地中間管理機構が，農地中間管理事業の実施により農地中間管理権又は経営受託権を取得する場合
農地中間管理機構が引き受けた農地貸付信託の終了によりその委託者又はその一般承継人が所有権を取得する場合
古都における歴史的風土の保存に関する特別措置法によって，指定都市が買入れの申出を受け，買入れによる所有権を取得する場合（同法11条）

第1節　権利移動の制限（農地法3条許可）

　さらに，農地法3条1項16号の農林水産省令に基づく適用除外については，農地法施行規則15条に，列挙されている。

〈農地法3条適用除外（農地規15条）〉

農林水産大臣が管理する農地を貸し付けるために権利を設定する場合
土地収用法，都市計画法，鉱業法の買受権に基づき農地を取得する場合
農林水産大臣の管理する農地が農業上の利用の増進の目的に供しないことを相当と認められ，売払いを受けた者が権利を設定し又は移転する場合（農地47条）
株式会社日本政策金融公庫又は沖縄振興開発金融公庫が，抵当権の実行による農地等の競売又は滞納処分による公売によって買い受ける場合
包括遺贈又は相続人に対する特定遺贈により権利を取得する場合
都市計画法56条1項による買取申出又は同法57条3項による先買いによって農地を取得する場合
電気事業法所定の事業者が，送電用若しくは配電用の電線を設置するため又はプロペラ式発電用風力設備のブレードを設置するために区分地上権を設定する場合
独立行政法人都市再生機構又は独立行政法人中小企業基盤整備機構が国又は地方公共団体の試験研究又は教育に必要な施設の造成及び譲渡を行うため当該施設の用に供する農地等を取得する場合
認定電気通信事業者が，有線電気通信のための電線を設置するため区分地上権を設定する場合
国有財産法28条の2第1項規定の信託の引受けによって市街化区域内にある農地等が取得される場合
成田国際空港株式会社が公共用飛行場周辺における航空機騒音による障害の防止等に関する法律又は特定空港周辺航空機騒音対策特別措置法の規定に従い農地等を取得する場合
東日本大震災又は特定大規模災害からの復興のために定める防災のための集団移転促進事業により農地等を取得する場合
独立行政法人水資源機構が水路を設置するため区分地上権を設定する場合

2 手　続

　農地の権利を移転する場合は，申請書に必要な書類を添付し，権利移転しようとする農地の所在する市町村の農業委員会を経由して都道府県知事等に対し，農地の譲渡人と譲受人双方において連署した申請書を提出し，許可を受ける必要がある。

　農地法3条許可を得るためには，農業委員会に対し，申請書とともに一般的に，下記の必要書類を提出する必要がある（農地規10条2項1号～9号）。

〈農地法3条許可申請添付書面〉

譲受人	提出書類（一例）
個　人	・土地の位置を示す地図及び土地の登記事項全部証明書 ・農地の賃貸借・使用貸借による権利の設定に関する契約書の写し（賃貸借・使用貸借の設定の場合のみ） ・耕作証明書（他市町村に，所有又は借りている農地がある場合） ・農業経営計画書（申請者が新規に農業に参入する場合） ・その他参考となる書類 　➡各農業委員会において，住民票，現地写真，住宅地図等，必須の提出書類は若干異なる
農地所有適格法人	・土地の位置を示す地図及び土地の登記事項全部証明書 ・農地の賃貸借・使用貸借による権利の設定に関する契約書の写し（賃貸借・使用貸借の設定の場合のみ） ・定款又は寄附行為 ・組合員名簿又は株主名簿の写し（申請者が農事組合法人又は株式会社である場合）
農地所有適格法人以外の法人（貸借のみ）	・土地の位置を示す地図及び土地の登記事項全部証明書 ・農地の賃貸借・使用貸借による権利の設定に関する契約書の写し（賃貸借・使用貸借の設定の場合のみ） ・定款又は寄附行為

3 要　件

　個人が農業委員会から農地法の3条許可を得るためには，以下の要件を

全て満たした場合に限り許可されるとされている（農地3条2項）。
　① 農地の全てを効率的に利用すること
　② 必要な農作業に常時従事すること
　③ 周辺の農地利用に支障がないこと
　④ 一定以上の面積を取得すること
　法人については，上記の要件に加え，農地を所有する場合は農地所有適格法人の要件も満たす必要がある。

〈農業委員会から農地法の許可を得るための農地取得要件〉

要　件	個　人	法　人
農業参入	① 農地の全てを効率的に利用する ② 必要な農作業に常時従事する ③ 周辺の農地利用に支障がない	① 農地の全てを効率的に利用する ② 周辺の農地利用に支障がない
農地所有	参入要件に加え ① 一定以上の面積を取得すること	参入要件に加え， ① 農地所有適格法人であること 　・株式会社（公開会社でないもの） 　・農事組合法人 　・合名会社・合資会社・合同会社 ② 農地取得後，売上の過半数が農業であること（販売・加工等を含む。） ③ 構成員の過半数が農業関係者であること ④ 役員の過半数が農業の常時従事者であり，構成員であること ⑤ 役員又は重要な使用人の1人以上が法人の行う農業に必要な農作業に従事していること ⑥ 一定以上の面積を取得すること
農地賃貸	参入要件に加え ① 貸借契約に解除条件が付されていること ② 地域における適切な役割分担のもとに農業を行うこと	参入要件に加え ① 貸借契約に解除条件が付されていること ② 地域における適切な役割分担の下に農業を行うこと ③ 業務執行役員又は重要な使用人が1人以上農業に常時従事すること

第1章　農地一般（許認可，届出，転用等）

4　不服申し立て[1]

　農地の権利移動に対する不許可処分に対して，その処分に不服があるときは，行政不服審査法の規定に基づき，処分のあったことを知った日の翌日から起算して3か月以内に，許可権者（都道府県知事又は市町村長）に審査請求書を提出して審査請求をすることができるとされている。

　上記の審査請求のほか，この処分があったことを知った日の翌日から起算して6か月以内に，市町村を被告として処分の取消しの訴えを提起することができる（ただし，除斥期間が処分のあった日の翌日から1年間と定められている）。なお，この取消訴訟において市町村を代表する者は農業委員会となる。

5　農地法3条の許可事務の簡素化

　農地法3条の許可事務は，「農地法関係事務処理要領」（別紙1第1の3）において，標準的な事務処理期間は4週間と定められており，自治体によって，事務処理に要する期間は長短があった。

　2021年5月25日に農林水産省より発出された「人・農地など関連施策の見直しについて（取りまとめ）」において，「地方自治体や地域の農業者等の事務負担の軽減を図るため，事務手続書類の簡素化，デジタル技術の活用等を図る。」とされたことから，農林水産省経営局農地政策課長より，①許可事務の迅速化，②許可申請書の添付書類の簡素化，③許可事務の期間等の報告を求める通知が発出された[2]。

　特に，②においては，農地法施行規則10条2項1号から9号に掲げる書類以外の書類の添付を求める場合には，その理由を明らかにすることとされていることから，64頁書式〈農地転用許可申請添付書面〉記載の「その他参考となるべき書類」について，一律に書類の添付を求めることがない

---

1) 平21・12・11付21経営第4608号・21農振第1599号農林水産省経営局長・農村振興局長通知「農地法関係事務処理要領の制定について」（最終改正：令6・3・28付5経営第3124号・5農振第3094号）
2) 令3・8・10付3経営1330号農林水産省経営局農地政策課長通知「農地法第3条第1項の許可事務の迅速化及び簡素化について」

ようにすることが要請されている。

なお，農地法3条の規定に基づく農地の売買又は貸借に係る許可申請や，同法3条の3の規定に基づく農地の相続等による届出などの手続は，当事者が「農林水産省共通申請サービス」（eMAFF）を利用し，オンラインで行うこともできる。

ただし，申請書等の提出先である行政機関（農業委員会等）がeMAFFに対応する必要があるとされていることからオンライン申請が可能かどうか，申請等の提出先である行政機関に確認が必要である。

第2節　農地転用許可制度

1　概　要

農地転用許可制度は，農地を転用するもので権利の移転又は設定をするもの（農地法5条許可）と権利の移転又は設定を伴わないもの（農地法4条許可）に分別される。

農地法5条に基づく農地転用のための権利移動の許可制度については，優良農地を確保するため，農地の優良性や周辺の土地利用状況等により農地を区分し，転用を農業上の利用に支障が少ない農地に誘導するとともに，具体的な転用目的を有しない投機目的，資産保有目的での農地の取得は認めないこととしている[3]。

これに対し，農地法4条に基づく農地転用許可制度は，優良農地の確保と計画的土地利用の推進を図ることを目的とし，農地の転用に伴い農地採草放牧地の権利の設定移転をする場合と異なり，自己の農地を宅地等に転用する（自己転用）ための制度である（その他，制度については，第1編第2章第1節を参照）。

---

[3] 農林水産省ウェブサイト「農地転用許可制度について―農地転用許可制度の概要」

〈農業振興地域制度と転用許可制度〉

農業振興地域制度		分　類	農地転用許可
農業振興地域	農用地区域	農用地区域内農地	不許可
	農振白地地域	[第1種農地] ・集団農地 ・土地改良事業対象農地等	原則不許可
農業振興地域外	市街化区域以外	[第2種農地] ・土地改良事業の対象となっていない小集団の生産力の低い農地等	市街地に立地困難な場合に許可
		[第3種農地] ・市街地にある農地等	原則許可
	市街化区域	市街化区域内農地	届出制

2　申　請

　農地を転用するために権利移動や設定をする場合は，農地転用許可申請書に必要な書類を添付し，転用しようとする農地の所在する市町村の農業委員会を経由して都道府県知事等に対し，転用する農地の譲渡人と譲受人双方において連署した申請書を提出し，許可を受ける必要がある。

　農地法3条に基づく農地移転許可と同様に，農地移転許可申請書に必要な書類を添付し，転用しようとする農地の所在する市町村の農業委員会を経由して都道府県知事等に提出し，許可を受けなければならない。

　農地法4条に基づく農地転用許可の申請は，転用する農地の所有者が申請することとなる。

　ただし，市街化区域内の農地を転用する場合は，許可制ではなく届出でよいとされていることから，農地の所在する市町村の農業委員会に必要な書類を添付して届出をする必要がある。

　申請，届出に必要な添付書面は以下のとおりであるが，[4] 各農業委員会の判断により，別途必要な書類がある場合もある。

---

[4] 平21・12・11付21経営第4608号・21農振第1599号農林水産省経営局長・農村振興局長通知「農地法関係事務処理要領の制定について」（最終改正：令6・3・28付5経営第3124号・5農振第3094号）

〈農地転用許可申請添付書面〉

市街化区域以外の農地（許可）	・土地の位置を示す地図及び土地の登記事項全部証明書 ・申請に係る土地に設置しようとする建物その他の施設及びこれらの施設を利用するため必要な道路，用排水施設その他の施設の位置を明らかにした図面 ・資金計画に基づいて事業を実施するために必要な資力及び信用があることを証する書面 ・申請に係る農地を転用する行為の妨げとなる権利を有する者がある場合には，その同意があったことを証する書面 ・土地改良区の地区内にある場合には，その土地改良区の意見書 ・その他参考となる書類 ――登記事項証明書，定款，寄附行為若しくは規約の写し（法人が申請人の場合） ➡各農業委員会において，住民票，現地写真，住宅地図等，必須の提出書類は若干異なる。
市街化区域内農地（届出）	・土地の位置を示す地図及び土地の登記事項全部証明書 ・賃借権が設定されている場合には，解約の許可等があったことを証する書面 ・登記事項証明書，定款，寄附行為若しくは規約の写し（法人が申請人の場合）

　個別の農地転用の計画内容や土地の所在によって，農地法転用許可のほかに，開発許可，建築許可，宅地造成許可，特定都市河川浸水被害対策法に関する許可，風致地区内行為許可など，他の法律に基づく許可等が必要となる場合もあるので注意が必要である。

　また，30アールを超える農地を転用する場合は，申請者から申請を受け付けた農業委員会は，都道府県農業委員会ネットワーク機構の意見を聴取してから，都道府県知事に許可を受けることを要する。

　さらに，4ヘクタールを超える農地を転用する場合には，別途，農林水産大臣との協議が必要となる。

第1章 農地一般(許認可,届出,転用等)

〈例・農地法第5条第1項第6号の規定による農地転用届出書〉

様式例第4号の9

農地法第5条第1項第6号の規定による農地転用届出書

年　月　日

農業委員会会長　殿

譲受人　氏名
譲渡人　氏名

　下記のとおり転用のため農地(採草放牧地)の権利を設定(移転)したいので,農地法第5条第1項第6号の規定により届け出ます。

記

	当事者の別	氏　名	住　所				
1　当事者の住所等	譲受人						
	譲渡人						
2　土地の所在等	土地の所在	地番	地目 登記簿／現況	面積	土地所有者 氏名／住所		耕作者 氏名／住所	
	計			㎡(田　　㎡　畑　　㎡　採草放牧地　　㎡)				
3　権利を設定し又は移転しようとする契約の内容	権利の種類	権利の設定,移転の別	権利の設定,移転の時期	権利の存続期間	その他			
4　転用計画	転用の目的							
	転用の時期	工事着工時期						
		工事完了時期						
	転用の目的に係る事業又は施設の概要							
5　転用することによって生ずる付近の農地,作物等の被害の防除施設の概要								

※ (別紙1)(別紙2)省略
(出典:平21・12・11付経営第4608号・21農振第1599号農林水産省経営局長・農村振興局長通知「農地法関係事務処理要領の制定について」(最終改正:令6・3・28付5経営第3124号・5農振第3094号)

3 不服申立て[5]

農地転用不許可処分に対して，その処分に不服があるときは，行政不服審査法の規定に基づき，処分のあったことを知った日の翌日から起算して3か月以内に，都道府県知事に審査請求書を提出して審査請求をすることができるとされている。

ただし，4ヘクタールを超える農地転用に関しては，農林水産大臣に審査請求書を提出して審査請求をすることが可能である。その際の審査請求書の提出は，直接農林水産大臣に提出することも，都道府県知事を経由して農林水産大臣に提出することもいずれも可能である。

上記の審査請求のほか，この処分があったことを知った日の翌日から起算して6か月以内に，都道府県又は市町村を被告として処分の取消しの訴えを提起することができる（ただし，除斥期間が処分のあった日の翌日から1年間と定められている。）。なお，この取消訴訟において市町村を代表する者は農業委員会となる。

4 違法転用

農地法所定の許可を得ないでした農地転用は，違反転用とされ，都道府県知事等によって，工事その他の行為の停止等の勧告，原状回復命令等の行政処分（農地51条1項）を行うものとされている。また，これらの勧告や命令等の行政処分によっても違反転用が解消されない場合は，緊急に措置する必要がある場合等には，都道府県知事等は自ら行政代執行を行うことができるとされている（農地51条3項）。

農業委員会においても，農地パトロールや通報により違反転用を発見した場合，都道府県知事等と連携し，違反転用者に対し是正指導を行い，悪質な事案については刑事訴訟法による告発を行っている。[6]

違法な転用に対しては，農地法上の罰則規定が設けられている。

---

5) 平21・12・11付21経営第4608号・21農振第1599号農林水産省経営局長・農村振興局長通知「農地法関係事務処理要領の制定について」（最終改正：令6・3・28付5経営第3124号・5農振第3094号）
6) 農林水産省「農地の違反転用発生防止・早期発見・早期是正へ向けた取組み」

① 許可を受けずに農地の転用を行った場合
② 偽り，その他不正の手段により許可を受けた場合
③ 県知事の工事の中止，原状回復などの命令に従わなかった場合

以上の違反については，違反者が個人の場合は，3年以下の懲役又は300万円以下の罰金，法人の場合は，1億円以下の罰金となっている。

第3節　農地法3条の3の届出

　農地の権利を取得する場合として，売買，贈与などによらず，相続などの包括承継を受けて，農地の権利を取得する場合もある。
　相続などで許可を要せず農地の権利を取得した場合，農地法3条の3の規定により，農地の権利を取得した者は，遅滞なく農業委員会に届け出なければならないとされている。
　原則として，農地を売買，贈与する場合には，農地法3条の許可を要することから，許可を得て権利を取得した者は，農地法3条の3の規定による届出は不要である。
　農地法3条の3の届出が必要となる権利取得事由は，相続，遺産分割，包括遺贈，相続人に対する特定遺贈などの原因により，被相続人から農地を取得した場合のほか，法人の合併・分割により，消滅した法人から農地を包括承継した場合，時効取得等により原始取得した場合である。
　本届出は，権利の取得を知った日（死亡の日又は相続登記完了の日もしくは遺産分割協議の日）からおおむね10か月以内に農地が所在する自治体の農業委員会に届け出るべきものとされている。
　農業委員会に届け出るべき事項は，以下のとおりである。[7]
① 権利を取得した者の氏名等
② 届出に係る土地の所在等
③ 権利を取得した日

---

7) 平21・12・11付21経営第4608号・21農振第1599号農林水産省経営局長・農村振興局長通知「農地法関係事務処理要領の制定について」（最終改正：令6・3・28付5経営第3124号・5農振第3094号）

④ 権利を取得した事由
⑤ 取得した権利の種類及び内容
⑥ 農業委員会によるあっせん等の希望の有無

届出事項⑥「農業委員会によるあっせん等の希望」については，被相続人から取得した相続人等が，遠方に住んでいる等の事情があり，取得者において農地の管理が困難な場合，農業委員会が農地の管理や賃貸，売買などの相談やあっせんを希望する旨を記載することができる。

〈例・農地法第3条の3第1項の規定による届出書〉

様式例第3号の1

農地法第3条の3第1項の規定による届出書

年　　月　　日

農業委員会会長　殿

　　　　　　　　　　　　　　　　住所
　　　　　　　　　　　　　　　　氏名

　下記農地（採草放牧地）について，○○により○○を取得したので，農地法第3条の3第1項の規定により届け出ます。

記

1　権利を取得した者の氏名等（国籍等は，所有権を取得した場合のみ記載してください。）

氏　名	住　所	国籍等	
			在留資格又は特別永住者

2　届出に係る土地の所在等

所在・地番	地　目		面積（㎡）	備　考
	登記簿	現況		

第1章 農地一般（許認可，届出，転用等）

```
3  権利を取得した日
        年   月   日

4  権利を取得した事由

5  取得した権利の種類及び内容

6  農業委員会によるあっせん等の希望の有無
```

(出典：平21・12・11付経営第4608号・21農振第1599号農林水産省経営局長・農村振興局長通知「農地法関係事務処理要領の制定について」（最終改正：令6・3・28付5経営第3124号・5農振第3094号）

第 *4* 節　賃貸借

　農地の賃貸借をするには，①農地法3条の許可を得てする賃貸借，②農業経営基盤強化促進法（以下「基盤法」という。）に基づく農地の利用権設定，③特定農地貸付けに関する農地法等の特例に関する法律に基づく賃貸借（以下「特定農地貸付法」という。），④都市農地の貸借の円滑化に関する法律（以下「都市農地貸借円滑化法」という。）に基づく賃貸借など，農地の態様に合わせ，安心して農地を賃貸借できる制度を選択することができる。

〈農地賃貸借制度まとめ〉

	農地法3条	基盤法	特定農地貸付法	都市農地貸借円滑化法
対象	全ての農地	農業振興地域内農地	市民農園等に利用される10a未満の全国の農地	生産緑地
目的	農地の耕作	農地の耕作	非営利での農作物の栽培	都市農地の耕作 市民農園の開設
契約期間	50年以内	50年以内	5年以内	50年以内（耕作） 5年以内（市民農園）
貸付方法	所有者から直接	自治体，農地中間管理機構等の介在が必要	自治体，農地中間管理機構等の介在が必要	所有者から直接

法定更新	あり	なし	なし	なし
相続税納税猶予	打ち切り	届出により継続	届出により継続	届出により継続

1　農地法3条の許可による賃貸借

(1)　要　件

　農地法3条の許可を得て行う賃貸借は，売買や贈与と同様に，農業委員会に対し，農地法3条の許可申請を行う必要があり，以下の要件を満たす必要がある（農地3条2項，農林水産省「農地をめぐる状況について（令和6年6月）」）。

①　農地のすべてを効率的に利用すること（耕作に必要な機械の所有状況，労働力，技術を見て判断）

②　法人の場合は農地所有適格法人であること

③　信託の引受けによるものでないこと

④　必要な農作業に常時従事すること（農作業に年間従事する日数は原則150日以上）

⑤　転貸を行うものでないこと

⑥　周辺の農地利用に支障がないこと

　ただし農業委員会は，農地又は採草放牧地について使用貸借による権利又は賃借権が設定される場合には，次に掲げる要件の全てを満たすときは，上記②及び④の規定にかかわらず，第一項による許可をすることができる（農地3条3項）[8]。

①　農地又は採草放牧地について適正に利用していないと認められる場合に使用貸借又は賃貸借の解除をする旨の条件が書面による契約において付されていること。

②　地域の農業における他の農業者との適切な役割分担の下に継続的かつ安定的に農業経営を行うと見込まれること。

---

8) 平12・6・1付12構改B第404号農林水産事務次官通知「農地法関係事務に係る処理基準について」（最終改正：令6・3・28付5経営第3121号）

③ 法人の場合は，その法人の業務を執行する役員又は農林水産省令で定める使用人（農地4条1項3号において「業務執行役員等」という。）のうち，1人以上の者がその法人の行う耕作又は養畜の事業に常時従事すると認められること。

(2) 効　果

解除条件付き貸借で農地等を借りた者は，毎事業年度の終了後3か月以内に，許可を受けた全ての農業委員会に対し，農地等利用状況報告書を提出しなければならない（農地6条・6条の2）。

また，これまで農地の所有者として相続税納税猶予を受けていた場合，猶予期間中に身体障害等により営農継続が困難となったことによる貸付けを除き，農地を貸付けすると納税猶予が打ち切られる。

(3) 契約解除

農地の賃貸借については，農地法17条の規定により，期間の定めのある農地等の賃貸借において，期間満了の1年前から6か月前までに更新しない旨の通知をしなければ，従前の賃貸借と同一条件でさらに賃貸借したものとみなされる（農地17条）。いわゆる法定更新が認められている。

農地等の賃貸借の当事者が，農地等の賃貸借の解除・解約の申入れ・更新拒絶の通知等をする場合は，都道府県知事の許可を受けなければならない（農地18条）。これは，法定更新によって，期限の定めのない契約であっても，同様である。ただし，農地等引渡し期限前6か月以内に成立した書面上明らかな合意解約，10年以上の期間の定めのある賃貸借の更新拒絶の通知等を行う場合や，解除条件付きの賃貸借であって，賃借人がその農地等を適正に利用していないと認められる場合に，あらかじめ農業委員会に届出を行い，解除をする場合には，都道府県知事の許可は不要となる。

都道府県知事は，賃借人が信義則に違反するような場合等の限られた場合でなければ，解除等の許可をしてはならないとされており，許可を得ずにした解除や解約は無効であるとされる[9]。

---

9) 農林水産省「都市農地の貸借の円滑化に関する法律の概要」（令和2年10月）

❷ 農業経営基盤強化促進法による利用権設定

(1) 概　要

　基盤法（農業経営基盤強化促進法）は，意欲ある農業者に対する農用地の利用集積，これらの農業者の経営管理の合理化等の措置を講じることとしている。その措置の一つとして，農地集積を促進するための，農地法の特例として利用権設定等促進事業が挙げられる。

　利用権等促進事業は，市町村が農業委員会等の関係機関・団体と協力し，貸し手となる農地所有者を探したり，有効活用されていない農地の所有者に対するアプローチなど，農用地の権利移動の円滑化と方向づけを図る事業であり，個々の権利移動をまとめた農用地利用集積計画を作成し農業委員会に提出することで，農地の所有者と意欲ある農業者との農用地の貸借等の効果を集団的に生じさせるものである。

　農用地利用集積計画の作成については，「人・農地プラン」等の地域協議の場で合意された農地の集約化に関する将来方針の内容も踏まえ，農地中間管理機構（農地バンク）が行う農地中間管理事業を活用することが適当であるとされている。[10]

　都道府県知事が指定する農地バンクが，地域計画に位置付けた受け手に対して，農地を貸したい人から借り受け，まとまりのある形で貸付けをしたり，地域計画の策定のない地域は，農業委員会の要請等に応じて農地を貸し借りする。

(2) 要　件

① 農用地利用集積計画の内容が市町村が作成する基本構想に適合し，
② 利用権設定等を受ける者が次の全てに該当すること
　ア　農用地の全てを効率的に耕作すること
　イ　（個人の場合）農作業に常時従事すること
　ウ　（法人の場合）農地所有適格法人の要件を満たすこと
③ 農用地の権利を有する者の全ての同意が得られていること（共有農

---

[10] 農林水産省「利用権設定等促進事業（農用地利用集積計画）の概要」（2020年4月1日現在）

地の利用権は，持分の過半数以上を有する所有者の同意で20年以内の利用権の設定が可能）

また，②のイの要件を満たさない個人，ウの要件を満たさない法人については，以下が要件となる。

④ 地域の農業者との適切な役割分担の下に継続的・安定的に農業経営を行うことが見込まれること

⑤ 法人の場合，業務を執行する役員，責任を有する使用人の1人以上が，耕作の事業に常時従事すること

⑥ 農用地を適正に利用していない場合に，貸借を解除する条件が農用地利用集積計画に付されていること

(3) 解　除

基盤法における賃貸借等の利用権設定契約は，農地法17条所定の法定更新の適用除外とされていることから（農地17条），利用権設定期間の満了により，自動的に所有者に農地が返還される。契約期間が満了しても，所有者と借り手が合意することにより，利用権を再設定することができる。

なお，利用権を再設定する場合には，農用地利用集積計画を再度農業委員会に提出する必要があり，農地利用集積計画を提出しない場合には，期間満了をもって，所有者に自動的に返還される。

また，基盤法における賃貸借については，農地法18条5項により，合意によって解除あるいは解約する場合であっても都道府県知事の許可を要しないとされていることから，契約期間満了前の合意解除も認められている。

(4) 所有者不明農地への利用権設定

ここでは，所有者不明農地への利用権設定について取り扱う。所有者不明農地への対応については，第5編第1章を参照されたい。

相続未登記農地など，所有者が不明な農地であっても，農業委員会が農地法に基づいて探索・公示の手続を行った上で，農地中間管理機構（農地バンク）が都道府県知事の裁定を受けることで，農地バンクに利用権が設定され，当該農地の貸付けをすることができる。また，所有者の

一部が分からない農地を耕作している農業者が離農しても，農地バンクに簡易な手続で農地の貸付けを行うことができるとされている。[11]

いずれの手続においても，農地バンクにおける利用権設定は，2023年の農地法及び農地中間管理事業の推進に関する法律（以下「農地バンク法」ともいう。）の改正により，最大20年から最大40年へと変更がされている。

❸ 特定農地貸付法（特定農地貸付け）

(1) 概　要

特定農地貸付法は，一定の要件を満たす貸付方式の市民農園の開設に伴う農地の貸借等について農地法の許可を不要とする農地法の特例などを定めた法律である。

農地法の規定によって，農地が効率的な利用を行う農業経営体によって利用されるよう，基本的に一定規模以上の農地を耕作し，農作業に常時従事して，その効率的利用を行う者でなければ，原則として農地の権利取得が認められない。

そのため，一般市民が，小規模の農地を使い余暇等を利用して農作物を栽培しようとする場合は，農業経営を行っている者が自己の農地の全部又は一部を一般市民に開放し，入園者が農作業の一部を行うといういわゆる「入園契約方式」によって従来から対応してきたところである。

入園契約方式は，あくまで入園者は農作業を行うだけであるという農地制度上の限界があり，特に最近では，より安定した形態での農地の利用を認めることを求める声があることから，小面積の農地を短期間で定型的な条件の下に貸し付ける場合について，農地法の権利移動規制の適用除外その他の措置を講ずることとしたものである。[12]

以下の要件を満たした場合に，市民農園の開設者が農業委員会に申請し，その承認を受けることで，特定農地貸付けを行うことができるとされている。さらに，特定農地貸付けを行うための農地の権利を取得する

---

11) 農林水産省「遊休農地・所有者不明農地に対する利用権設定の見直し」，農林水産省「所有者不明農地について」
12) 農林水産省「市民農園をはじめよう‼（令和6年度版）」4頁

必要がある場合，承認を受けることで，所有者と締結した賃貸借契約についても承認を得ることができるとされ，農地法3条の許可は不要とされている（農地4条1項）。

〈特定農地貸付けの要件〉

要　件
①　10a（1,000㎡）未満の貸付けであること
②　相当数の者を対象とした定型条件の貸付けであること
③　貸付期間が5年を超えないこと
④　営利を目的としない農作物の栽培の用に供するための農地の貸付けであること

　ただし，上記の条件を全て満たすものであっても，市民農園の位置が農業者による農地の利用を分断する場合や，利用者の募集及び選考の方法が公平かつ適正でなく，特定の者のみに利用が集中するような場合，貸付条件が違法不当な場合，賃借権等の所有権以外の権利を既に有している農地で開設する場合などは，特定農地貸付けの承認は得られないとされている[13]。

(2) **市民農園開設手続**

　特定農地貸付制度を利用した市民農園の開設については，①農地所有者が，地方公共団体及び農業協同組合に貸し付け，当該地方公共団体及び農業協同組合が農業委員会の承認を得て，市民農園の開設者となり，利用者に貸し出す方式，②農業従事者である農地の所有者が自らの農地で市民農園を開設し，利用者に貸し出す方式，③農地所有者から，地方公共団体又は中間管理機構を通じて農地を借りて市民農園を開設する者へ貸し付ける方式がある。

　③の方式については，直接農地の所有者から貸付けを受けることはできず，必ず地方公共団体又は中間管理機構を通して借りる必要がある。

　いずれの方式についても，市民農園の開設者は，特定貸付けに係る農

13）前掲（注12）4頁

地の所在，利用者の募集や選考の方法，貸付けの期間，農地の適切な利用を確保するための方法等について記載された貸付規程を作成し，申請書に添付し，農業委員会の承認を受けなければならない。

　また，②と③の場合には，市町村（もしくは中間管理機構）と，特定農地貸付けの承認の取消し等による廃園後の農地の適切な利用を確保するための方法，農地の管理方法等を内容とする協定を締結しなければならない。

　市民農園の開設者が，特定農地貸付けの承認を受けた際には，特定農地貸付け及びそのための農地の権利の取得については，農地法3条許可の規定は適用除外となる。

第2章 生産緑地

本章では，生産緑地に関する実務について，解説する。

第1節 申 請

(1) **生産緑地指定要件**

生産緑地は，都市計画に，以下の要件を満たす農地を指定することによって定めることができる。

① 市街化区域内に所在する農地であること
② 現に農業の用に供されている農地等であること
③ 公害又は災害の防止，農林漁業と調和した都市環境の保全等良好な生活環境の確保に相当の効用があり，かつ，公共施設等の敷地の用に供する土地として適しているものであること
④ 500平方メートル以上の規模の区域であること（条例によりその規模を300平方メートルまで引下げ可能）
⑤ 用排水その他の状況を勘案して農林漁業の継続が可能な条件を備えていると認められるものであり，農業の継続が可能であること
（原則として30年間の営農）
⑥ 指定する土地に関する権利（所有権，仮登記，賃借権，抵当権，根抵当権等）を有する者（農地利害関係人）全員の同意があること

⑤については，自治体によって，主たる農業従事者の年齢制限，当該農地の接道義務，農業経営状況など，個別具体的にその基準が定められていることが多い。

(2) **生産緑地指定申出**

多くの自治体では，生産緑地の指定申出については，事前審査もしくは個別の事前相談を義務付けている。

指定の申出を行う際は，各自治体所定の生産緑地（地区）指定申出書によって，申出を行う。

申出は，指定を受ける農地の所有者が申出人となって行い，複数の農

地が指定を受けるにあたって，一団の農地となる場合や農地が共有である場合には，各所有者又は共有者が連名で申出を行う。

　申出書は，各自治体によって申出書様式は異なるが，一般的に，申出者，申出する農地の概要（所在，面積，営農状況など）を記載し，必要な書類とともに提出する。

　申出に必要な書類は主に以下のとおりである。

① 土地の登記事項証明書
② 公図の写し
③ 位置図 （農地の場所が分かる地図）
④ 現況写真
⑤ 同意書（印鑑証明書付き）（農地利害関係人がいる場合）

　申出が受理されると，書類審査，現地確認などを行い，生産緑地地区の変更案を縦覧及び意見書の受付を行い，都市計画審議会に付議するなど，都市計画法所定の手続を行い，都市計画決定により，生産緑地に指定される。

(3) **生産緑地指定後**（行為制限については，第1編第2章第2節2(5)参照）

　生産緑地に指定された農地は，立看板の設置や，自治体HP（ウェブサイト）への掲載など，各自治体所定の方法によって，生産緑地である旨を表示しなければならない。

　生産緑地として指定された地区については，生産緑地法8条1項の規定により，以下の行為は禁止される。

① 建築物その他の工作物の新築，改築又は増築（一定の農業用の施設等を除く。）
② 宅地の造成，土石の採取その他の土地の形質の変更
③ 水面の埋立て又は干拓

　ただし，以下の施設については，設置又は管理に係る行為で良好な生活環境の確保を図る上で支障がないと認めるものに限り，その基準を満たしたものについては，市町村長の許可を得て設置をすることができる。

○農業生産資材の貯蔵保管施設
○農産物の処理貯蔵のための共同利用施設

○農業従事者の休憩施設
○農産物の直売所
○農産物を使用したレストラン　等

　生産緑地の指定を受けるには，30年の営農意思が必要であるとされ，指定から30年を経過するまでは，買取申出を行ったり，所有者の意思で生産緑地指定を解除したり，取り消すことはできず，以下のいずれかに該当する場合のみ生産緑地指定が解除される。

① 　買取申出のあった生産緑地で，行為制限が解除になった場合
② 　公共施設等の敷地に供された場合
③ 　都市計画上の必要性が生じた場合
④ 　上記による廃止に伴い，残った農地のみでは生産緑地地区としての指定要件を欠くこととなった場合
⑤ 　土地区画整理事業の仮換地指定等により，事業計画上やむを得ず生産緑地地区としての指定要件を欠くこととなった場合（指定要件を欠くことがない場合は，土地区画整理事業の仮換地指定等により生産緑地地区が廃止されることはない。）

　また，生産緑地指定後は，固定資産税の減税措置や相続税納税猶予措置などの税制措置が適用される（「第3編　税務」参照）。

第2節　買取申出

1　概　要（生産緑地7条～9条）

　生産緑地地区の指定から30年経過後，または30年の間に，主たる従事者の死亡・心身故障が生じた場合には，営農者あるいはその相続人等の承継者が営農を継続するか否かを判断することが可能であり，営農を継続しない場合には，生産緑地の所有者は市町村に対して買取申出することが可能となる。

　なお，生産緑地地区指定から30年経過していても，特定生産緑地地区として指定を受けた場合は，引き続き10年間は買取申出を行うことはできな

い。

　また，所有者の意思で生産緑地の指定を解除することができないのは前述のとおりであるが，生産緑地の所有者が主たる従事者ではない場合については，当該所有者に相続が発生しても，買取申出事由には該当しないため，注意が必要である。

　買取申出は，市町村長に対して行い，申出がされた市町村は，買取りを検討し，その結果を申出した者に通知する。

　買取りの決定がされた場合は，その後買取り価格を決定するために協議を行い，協議が成立した場合は，市町村において都市計画を変更し，生産緑地地区から除外し，公園・緑地等として整備する。

　買取り価格について協議が成立しなかった場合は，収用委員会による決裁を申請し，買取り価格を決定し，買取りを行う。

　市町村が買取りをしない場合は，農林漁業希望者へのあっせんをするため，農業委員会にあっせんを依頼し，あっせんが成立した場合は，あっせんを受けた営農者によって，生産緑地として引き続き営農される。あっせんが不調に終わった場合は，買取申出から3か月経過をもって，行為制限を解除することとされている。

　ただし，市区町村による買取がされるケースは全体の1パーセントにも満たずごく少数であることから，[14] 実際には，99パーセント以上の生産緑地が行為制限が解除され，宅地などに転用されるなどしている。

❷ 申出の手続

　買取申出も，生産緑地の指定と同様に，各自治体によって手続方法が異なるが，事前の個別相談を要することが多い。

(1) 指定から30年経過による買取申出

　所有者が申出人となり，市町村長に対し，市町村の窓口や，農業振興センター等その他所定の窓口に生産緑地買取申出書を提出する。必要書

---

[14] 静岡市【令和5年度　地方分権改革提案】「生産緑地法と公拡法の重複手続の合理化」（国土交通省作成「公有地の拡大の推進に関する法律第2章実施状況調査（令和3年度）」から抜粋し，静岡市が編集）（2023年）7頁

類は，自治体によって異なるが，おおむね以下の書類が必要となる。
- ①　登記事項証明書（相続登記が未登記の場合は，被相続人の相続に関する書類（法定相続情報一覧図又は被相続人出生から死亡までの戸籍謄本及び相続人の戸籍，遺産分割協議書等））
- ②　公図の写し
- ③　位置図
- ④　印鑑証明書
- ⑤　権利を消滅させる旨の書面（生産緑地が他人の権利の目的となっている場合）

(2) 主たる従事者が死亡又は故障により営農が継続できない場合

　主たる従事者の農業に従事することを不可能にさせる故障とは，傷病などにより，農業に従事することが不可能となる故障であり，一時的な怪我や病気では，買取申出をすることはできない。

　買取申出を行う際は，所有者又はその相続人が申出人となり，市町村長に対し生産緑地買取申出書を提出する。必要書類は，自治体によって異なるが，おおむね以下の書類が必要となる。
- ①　登記事項証明書（相続登記が未登記の場合は，被相続人の相続に関する書類（法定相続情報一覧図又は被相続人出生から死亡までの戸籍謄本及び相続人の戸籍，遺産分割協議書等））
- ②　公図の写し
- ③　位置図
- ④　主たる農業従事者の証明書
- ⑤　権利を消滅させる旨の書面（生産緑地が他人の権利の目的となっている場合）
- ⑥　介護保険被保険者証の写し，医師の診断書，介護施設等の施設入所証明書等（主たる従事者の疾病等の場合）

　また，主たる従事者の死亡又は故障により営農継続が不可能であることにより生産緑地の買取申出を行う場合，その者が従事していた全ての生産緑地を買取申出をするか，又はその他の従事者において営農継続が

可能な面積を確定し，営農継続が不可能な生産緑地を買取申出すること
ができるとされている。

　指定から30年を経過したことによる買取申出と違い，市町村によって，
申出期間を当該事由の発生から１年以内と期限を定めているところや，
買取申出をせずに残した生産緑地について，再度の買取申出はできない
とされている場合や，買取申出の事由ごとに，買取申出を一度しか認め
ていない場合など，市町村ごとに取り扱いが異なるため，事前に申出先
の市町村の運用の確認が必要となる。

3　市町村による買い取り（生産緑地12条）

(1)　市町村が買取りをする場合

　生産緑地の買取申出を受けた市町村は，当該生産緑地を買い取るかど
うか検討し，買取申出を受けてから１か月以内に，申出人に対し，買い
取る旨を通知する。

　買取りを通知した場合，市町村は，当該生産緑地を時価で買い取らな
ければならない（生産緑地10条）とされており，生産緑地の時価について
は，市町村と所有者の協議をもって定められる。買取価格の協議が成立
しなかった場合は，収用委員会の決裁を申請し，買取価格が定められる。

　買い取った生産緑地は，公園や緑地等として整備し，市町村において
引き続き管理を行う。この場合，都市計画の変更手続を行い，生産緑地
地区の指定が廃止される。

(2)　市町村が買い取らない場合

　買い取る場合と同様に，生産緑地の買取申出を受けた市町村は，当該
生産緑地を買い取るかどうか検討し，買取申出を受けてから１か月以内
に，申出人に対し，買取りをしない旨を通知する。

　市町村が買取りをしない旨の通知をした場合は，他の農業従事者等へ
当該生産緑地の取得の機会を確保するため，農業委員会に対し，あっせ
んを依頼する。

　農業委員会によるあっせんが成立し，当該生産緑地を取得する農業従
事者が決定した場合は，当該農業従事者は，生産緑地として当該農地を

取得し，営農を継続する。

あっせんが不調であった場合には，買取申出から3か月を経過した日に，生産緑地に対する生産緑地法7条から9条所定の行為の制限が解除となり，市町村において都市計画の変更手続を行い，生産緑地地区の指定が廃止される。

(3) 行為制限解除

生産緑地であった農地の所有者は，行為制限が解除されることにより，適正管理，保全義務などの義務を免れ，建築物その他の工作物の新築，改築又は増築や宅地造成などを行うことができる。

生産緑地の指定が廃止され生産緑地でなくなった農地を宅地転用する場合には，通常の市街化区域内農地と同様，農業委員会に届出を行えば足りる。

しかし，相続税や贈与税の納税猶予を受けている所有者が，買取りを申し出た場合，買取申出をした農地については，相続税及び贈与税の納税猶予期限の確定事由になるため，猶予税額及び利子税を期日までに納付しなければならないので注意を要する。[15]

(4) 2022年問題

1992年より生産緑地法に基づく生産緑地指定制度が開始し，三大都市圏の市街化区域内農地の約5割を生産緑地が占め，面積ベースでは，そのうちの約8割が制度開始当初に指定を受け，2022年に指定から30年を経過し，買取申出が可能になるとされていた。[16]

買取申出がされ，市町村が買い取らない場合，申出から3か月が経過すると，生産緑地の行為制限が解除されることにより，大量の生産緑地が宅地転用がされ，不動産市場に一定の影響を及ぼすのではないかとの見方があり「2022年問題」などと呼ばれ，危惧されていた。

2018年に，生産緑地の所有者等の意向を基に，市町村長が，前回の生産緑地指定の告示から30年経過するまでに，当該生産緑地を特定生産緑

---

15) 国土交通省ウェブサイト「農地を相続した場合の課税の特例 （相続税納税猶予制度）」
16) 国土交通省都市局都市計画課公園緑地・景観課「特定生産緑地指定の手引き（令和4年2月版）」3頁

地として指定できるとする特定生産緑地制度を創設し，今後も10年ごとに延長することにより，引き続きこれまでの生産緑地に適用されていた税制措置を利用できるものとされた。

結果として，国土交通省の調査[17]によると，2022年12月末時点で，面積ベースの集計で約9割は引き続き特定生産緑地に指定済みであるとされており，当初危惧されていたような，大量の生産緑地が宅地転用されるといった事態には至らなかった。

第3節　特定生産緑地

1 指　定

(1) 指定時期

生産緑地地区の都市計画決定の告示から30年を経過した生産緑地，特定生産緑地の指定の公示から10年を経過した生産緑地については，生産緑地法10条の2の規定により，特定生産緑地の指定・期限の延長ができないとされている。

特定生産緑地の指定を受けずに指定から30年を迎えた生産緑地について，改めて特定生産緑地の指定を希望する場合は，再度，生産緑地地区の都市計画決定の公示を行い指定を受ける必要がある。

特定市においては，生産緑地指定制度開始当初である1992年に一斉に生産緑地地区の指定が行われたが，この際は指定漏れ（後から農地所有者から指定意向が示されたなど）があった場合は，追加指定が可能であったが，特定生産緑地の指定においては告示から30年を経過する日より後にこのような追加指定はできない[18]。

また，何年も休耕地となっている生産緑地においては，農地所有者等が特定生産緑地への指定の意向を示した場合であっても，農地等の適正

---

17) 国土交通省ウェブサイト「特定生産緑地の指定状況（令和4年12月末時点）」
18) 国土交通省都市局都市計画課公園緑地景観課「特定生産緑地指定の手引き（令和4年2月版）」15頁

管理が行われていないことを理由に，都市計画決定権者の判断により，特定生産緑地の指定をしないことも可能であるとされている。[19]

(2) **指定手続**

特定生産緑地の指定の手続は，生産緑地の買取申出期限の延長を行うものであるから，都市計画決定によるものではない。

特定生産緑地の指定に際し，生産緑地の指定と異なり，条文上の面積要件はないことから，生産緑地地区の一部を特定生産緑地に指定することも可能である。その場合に，残りの生産緑地の買取申出を行う際に，残りの生産緑地が一団の農地とみなされ，道連れ解除とならないように注意が必要である。[20]

生産緑地法10条の2第4項により，市町村長は，特定生産緑地の指定をしたときは，当該特定生産緑地を公示するとともに，その旨を当該特定生産緑地に係る農地等利害関係人に通知しなければならないとされている。

所有者が特定生産緑地の指定意向を示した後，公示前に死亡・故障した場合には，指定にあたっては農地等利害関係人である相続人等の同意を得ることが望ましいとされている。また，相続人等から買取りの申出があった場合には，買取申出にかかる手続を進めることになり，特定生産緑地の指定手続は中止することになる。なお，すでに特定生産緑地の公示が行われている場合は，市町村においては，買取申出にかかる手続と併せて，生産緑地法10条の6に基づき特定生産緑地の指定の解除を行うことになる。相続人等が，買取りの申出又は特定生産緑地の指定意向のいずれも示さない場合は，被相続人の同意が相続人等に承継されたものとして，特定生産緑地指定手続を進めるものとされている。[21]

また，特定生産緑地の指定については，所有者の意向を基に，市町村長が行うとされているが，特定生産緑地指定を受けるにあたり，農地所有者から，特定生産緑地の指定の提案をすることができる「提案制度」

---

19) 平12・6・1付12構改B第404号農林水産事務次官通知「農地法関係事務に係る処理基準について」16頁（最終改正：令6・3・28付5経営第3121号）
20) 国土交通省都市局都市計画課公園緑地景観課「特定生産緑地指定の手引き（令和4年2月版）」15頁
21) 前掲（注20）「特定生産緑地指定の手引き」25頁

（生産緑地10条の４）が規定されている。

　農地の所有者から特定生産緑地指定を受ける提案を行うときは，農地所有者以外の農地等利害関係人がいるときは，あらかじめ，提案を行う前にその全員の合意を得なければならない。

　そして，市町村長において，当該提案に係る生産緑地を特定生産緑地に指定をしないこととしたときは，遅滞なく，その旨及びその理由を，あらかじめ，市町村都市計画審議会の意見を聴いた上で，当該提案をした者に通知しなければならない（生産緑地10条の４第２項・３項）。

　生産緑地については，生産緑地法６条の規定により，標識等の設置による生産緑地地区である旨を明示する必要があったが，特定生産緑地については，当該標識等の設置による明示の義務はない。

(3) 指定延長

　特定生産緑地に指定された場合，市町村に買取申出ができる時期は，生産緑地地区の都市計画の告示日から30年が経過した時からさらに10年が経過した後となる。10年が経過する前に，改めて所有者等の意向を確認し，同意を得ることで，10年経過後も引き続き特定生産緑地として指定を受けることができる。さらにその後も，10年経過するごとに，繰り返し特定生産緑地の指定を10年間延長することができる。

2　指定廃止

(1) 買取申出

　特定生産緑地の指定から10年が経過したことを理由とする買取りの申出を行い，生産緑地の指定から30年経過した際の買取申出手続と同様の手続に付し，申出から３か月経過した時点で，所有権移転がされなければ，行為制限が解除され，特定生産緑地の指定が廃止される。

　また，主たる従事者の死亡又は心身故障が生じた場合にも，生産緑地の場合と同様に，営農者あるいはその相続人等の承継者が営農を継続するか否かを判断することが可能であり，営農を継続しない場合には，生産緑地の所有者は市町村に対して買取申出することが可能となり，申出から３か月経過した時点で，所有権移転がされなければ，行為制限が解

除され，特定生産緑地の指定が廃止される。

　なお，生産緑地の指定から30年経過した際に特定生産緑地の指定を受けなかった場合や，特定生産緑地の指定を受けたが，10年経過後に指定の延長を行わなかった場合については，いつでも買取申出が可能な状態となるが，これ以降，特定生産緑地の指定を受けることはできないことに注意が必要である。

(2) 指定解除

　特定生産緑地の周辺の地域における公園，緑地その他の公共空地の整備の状況の変化その他の事由によって，特定生産緑地指定の理由が消滅したときは，市町村長は遅滞なく，その指定を解除しなければならないとされている（生産緑地10条の6）。

　この場合に，市町村において，特定生産緑地の指定を解除すると，当該農地については都市計画上は指定後30年が経過している生産緑地となる。

　2018年4月1日以降に相続又は贈与された特定生産緑地について，このように指定解除がされた場合，買取りの申出を行った場合と同様に，相続税及び贈与税の納税猶予期限の確定事由になるため，猶予税額及び利子税を期日までに納付しなければならないことに注意が必要である[22]。

第4節　賃貸借

1　都市農地貸借円滑化法

(1) 概　要

　農業従事者の減少・高齢化が進む中，都市農地の所有者自らによる有効な活用が困難であり，かつ，都市農地の土地の価格は，他の地域の農地に比べ高価であることから，都市農地を購入し，農業を行うのは，資金面での困難が大きいことが指摘され，都市における農地の有効活用の

22）前掲（注20）「特定生産緑地指定の手引き」26頁

ため,農地所有者のみならず,意欲ある都市農業者が都市農地を借りて活用することが重要である[23]として,市街化区域内の農地のうち,生産緑地の貸借について定めた「都市農地貸借円滑化法」が2018年9月1日に施行された。

従来,都市農地の賃貸借については,都道府県知事の許可を受けた上で,当事者が賃貸借契約を更新しない旨の通知をしない限り,従前と同一の条件で契約が更新される法定更新制度の適用があり,さらに,所有者が都市農地の相続税納税猶予の適用を受けている場合,都市農地を貸し付けると納税猶予が打ち切られてしまうことから,都市農地を貸し控える所有者が多かった。

また,本編第1章第4節2における農業経営基盤強化促進法等による政策的貸付けに係る特例は,農用地利用集積計画や農用地利用配分計画により設定又は移転された賃借権については,法定更新制度を適用除外とする制度であるが,この特例は,市街化区域を除いて認められている。

このことから,都市農地を貸借しても,法定更新が適用されない新しい制度として,「都市農地の貸借の円滑化に関する法律」を制定するとともに,当該法律に基づく都市農地の貸付けについて相続税納税猶予が継続するよう措置がされた。

(2) 自ら耕作する場合の貸借の円滑化

① 概　要

都市農地を自ら耕作するために,所有者から賃借権又は使用貸借による権利の設定を受けようとしている者が,この都市農地における耕作の事業に関する計画(事業計画)を作成の上,市区町村長に提出し,提出先の市区町村長は,要件を満たす場合には,農業委員会の決定を経て認定をするものとする(都市農地貸借円滑化法4条)。

借り受ける農地が複数市区町村にまたがっている場合には,農地のあるそれぞれの市区町村長の認定を受ける必要があるが,借り受ける敷地部分が明確にされていれば1筆の一部でも事業計画の認定の申請

---

23) 農林水産省「都市農地の貸借の円滑化に関する法律の概要(平成30年9月)」3頁

を行うことができるとされている[24]。

上記の認定を受けた事業計画に従って賃借権等が設定される場合には，農地法3条1項の許可を受ける必要がなく，また，この賃貸借については，農地法17条の法定更新制度の適用がない（都市農地賃借8条）。

② 認定要件

> ア 都市農業の有する機能の発揮に特に資する基準に適合する方法により都市農地において耕作の事業を行うこと
> イ 必要な農作業に常時従事すること（個人の場合）
> ウ 周辺の農地利用に支障がないこと
> エ 一定以上の面積を耕作すること
> オ 解除条件付き契約であること
> カ 地域の他の農業者と適切に役割分担し，継続的・安定的な農業経営を行うこと

さらに，法人の場合は，業務を執行する役員又は責任を有する使用人の1人以上が，その法人の行う耕作・養畜の事業に常時従事することが要件とされている。

イ〜カの要件については，農地法の賃貸借の許可要件と同等の要件である。

オについては，賃貸借契約等の契約書に，「農地を事業計画どおりに耕作していない場合については，賃貸借契約等の契約を解除する」旨の解除条件を付すことが必要とされている。

アの要件は，都市農地貸借円滑化法独自の要件であり，「都市農業の有する機能の発揮に特に資する耕作の事業」の内容について，別途以下の基準が設けられている[25]。

1-イ〜ロのいずれか及び2の基準を満たすことが必要である。

---

24) 農林水産省「都市農地の貸借の円滑化に関する法律Q&A（令和5年6月版）」1-4
25) 前掲（注23）「都市農地の貸借の円滑化に関する法律の概要」5頁

〈事業計画の認定要件のうち都市農業の有する機能の発揮に特に資する耕作の事業の内容に関する基準〉

事業計画の認定要件のうち都市農業の有する機能の発揮に特に資する耕作の事業の内容に関する基準	
1－イ	生産した農作物やその加工品の地元での販売
1－ロ	農業体験の取組，住民相互の交流を図るための取組
	都市農業の振興に関し必要な調査研究又は農業者の育成及び確保に関する取組
1－ハ	生産した農作物やその加工品を販売し，かつ災害時に地元に優先提供する旨の協定を締結すること
	生産した農作物やその加工品を販売し，かつ無農薬・減農薬栽培の取組や環境保全に資する取組を行うこと
	生産した農作物やその加工品を販売し，かつ伝統的特産品の生産，先進技術の活用等，都市農業のPRを行うこと
2	申請都市農地の周辺の生活環境と調和のとれた都市農地の利用を確保すること

(出典：農林水産省「都市農地の貸借の円滑化に関する法律の概要」スライド7頁を基に筆者作成)

(3) 市民農園を開設する場合の貸借の円滑化[26]

ア 概要

都市農地貸借円滑化法は，自ら農地を貸借し耕作するほか，農地を借り市民農園を開設する場合についても規定している（市民農園については第1編第2章第2節2(8)）。

基本的な仕組みは，「特定農地貸付け」(本編第1章第4節3) と同様であり，市民農園利用者への貸付けについて「特定都市農地貸付け」と呼称している。

特定都市農地貸付けを受けるための要件は，以下のとおりである。

---

26) 前掲（注23）「都市農地の貸借の円滑化に関する法律の概要」10頁

〈特定都市農地貸付の要件〉

①	10 a（1,000㎡）未満の貸付けであること
②	相当数の者を対象とした定型条件の貸付けであること
③	貸付期間が5年を超えないこと
④	営利を目的としない農作物の栽培の用に供するための農地の貸付けであること
⑤	地方公共団体及び農業協同組合以外の者が都市農地の所有者から①から④までの要件に該当する特定都市農地貸付けの用に供すべきものとして賃借権又は使用貸借による権利の設定を受けている都市農地に係るものであること
⑥	特定都市農地貸付けを行う者が都市農地を適切に利用していないと認められる場合に市町村が協定を廃止する旨，特定都市農地貸付けの承認を取り消した場合等に市町村が講ずべき措置等を内容とする協定を都市農地の所有者及び市町村との三者間で締結していること

イ　特定農地貸付けとの相違点

　　基本的な制度の仕組みは，特定農地貸付けと同様であるが，相違点として，

　　　① 生産緑地地区の区域内の農地のみを対象とすること
　　　② 貸付を受ける者が地方公共団体及び農業協同組合以外の者であること
　　　③ 農地所有者から②の者が直接農地の貸付けを受けることができること
　　　④ 特定都市農地貸付けの用に供するために設定を受けている農地の賃貸借は，農地法17条の法定更新や同18条の賃貸借の解約の制限等の適用を除外されること

などが挙げられる。

　　また，特定農地貸付制度において，農地所有者と市町村の間で，承認の取消し等による廃園後の農地の適切な利用を確保するための方法，農地の管理方法等を内容とする協定を締結をしなければならないとされているが，それに加え，開設者が都市農地を適切に利用していない

と認められる場合に市区町村が協定を廃止する旨を追加した内容の協定を締結しなければならないとされている。

第3章 登記

第1節　農地法所定の許可書添付の要否

1 許可書が必要な場合

(1) 所有権に関する登記

　農地の所有権を移転したり，使用及び収益を目的とする権利を設定する場合や，移転する場合には農業委員会の許可を得ることを要する（農地3条）。また，農地を農地以外のものに転用するために，農地の所有権を移転したり，使用及び収益を目的とする権利を設定する場合や，移転する場合にも，都道府県知事等の許可権者の許可を得なければならない（農地5条）とされている。

　相続や法人の合併等による所有権の移転については，法律の規定により当然にその権利が移転するものであるから，農地法の許可は不要とされている。

　農地の売買による所有権移転については，農地法所定の許可を得ることが，当該所有権移転にかかる契約（売買契約等）の有効要件となっているため，売買契約の成立のみでは，直ちに効力が生じず，農地法所定の許可を得て，その許可書の到達があった日に，売買の効力が生じるものとされている[27]。そのため，許可書の到達日は所有権移転登記を行う場合における登記原因日付となる[28]。

　登記申請においては，農地法の許可を得なければならないとされている場合については，登記原因について第三者の許可，同意又は承諾を要する場合であるとし，当該第三者が許可し，同意し，又は承諾したことを証する情報（不登令7条1項5号ハ）として，当該農地法所定の許可書

---

[27] 登研92号42頁
[28] 藤原勇喜「【論説・解説】登記原因証明情報と不動産登記をめぐる諸問題(4)」登研810号79頁

の添付が必要となる。

したがって，以下のような当事者間の契約に基づき所有権が移転され，当該契約について，農業委員会等の許可を得ることが必要な場合は，いずれも農地法所定の許可書の添付が必要となる。

〈契約による所有権移転に許可書の添付が必要となる場合〉

A→Bへの売買による所有権移転
B→Aへの買戻しによる所有権移転。ただし，許可書に買戻特約付である旨の表示は不要[29]
A→Bへの贈与による所有権移転
Aの農地とBの農地を交換することによる所有権移転[30]
譲渡担保権設定によるA→Bによる所有権移転[31]
A→Bへの協議による財産分与による所有権移転[32]
被相続人A→相続人Bへの死因贈与による所有権移転[33]
共有農地の共有物分割による所有権移転[34]
農地の信託による所有権移転[35]
A→都道府県以外の地方公共団体に対する所有権移転[36]
AB間での合意解除による所有権抹消登記
機能なき社団における「委任の終了」を原因とした所有権移転[37]

---

[29] 登研93号29頁
[30] 登研422号104頁
[31] 東京高判昭55・7・10判タ424号93頁
[32] 登研523号138頁
[33] 登研427号104頁
[34] 昭41・11・1民事甲2979号民事局長回答
[35] 昭29・12・23民事甲2727号民事局長通達
[36] 農地3条1項5号での適用除外は「国又は都道府県」とされているため，それ以外の地方公共団体が取得する場合には，許可を得ることが必要となる。
[37] 登研456号130頁

第3章 登記

〈契約以外の事由による所有権移転に許可書の添付が必要な場合〉

相続人の1人が当該農地について自己の相続分を相続人以外の第三者に譲渡した場合[38]
相続財産清算人が家庭裁判所の許可を得てする売買による所有権移転登記[39]
A→Bへ移転した所有権を「真正な登記名義の回復」によって本来の所有者であるCに所有権移転する場合[40]
A→Bへ売買によって所有権移転登記をした後にBCの共有名義に更正する場合[41]
判決理由中から，農地法の許可を得ている旨が判明しない判決による所有権移転登記[42]

(2) 所有権以外の権利に関する登記

　農業委員会の許可を要する権利の移転等には，所有権のほか，地上権，永小作権，質権，使用貸借による権利，賃借権若しくはその他の使用及び収益を目的とする権利が該当する（農地3条）とされている。

　そのため，農地において，地上権や質権，賃借権といった，使用収益が権利の目的となる権利の設定又はその移転をするためには，農地法3条所定の許可が必要となる。

　なお，抵当権については，抵当権は，使用収益を目的とする権利ではないため，抵当権を農地に設定する場合であっても，農地法所定の許可は不要であるとされている。

〈所有権以外の登記で農地法の許可が必要な場合〉

A所有の農地にBが質権を設定する

---

[38] 田中康久「25　共同相続人間の相続分の譲渡と農地法の適用の有無」登記関係訴訟実務研究会「続・民事訴訟と不動産登記一問一答(23)」登研650号135頁〜156頁
[39] 末光祐一『Q&A地目，土地の規制・権利等に関する法律と実務』（日本加除出版，2013年）117頁
[40] 昭40・9・24民事甲2824号民事局長回答
[41] 登研444号107頁
[42] 登研862号99頁

> 農地の地下に作物を設置することを目的とする地上権又は地役権を設定する[43]
>
> 1筆の土地全部について通行地役権を設定する[44]

2 許可書の添付が不要な場合

(1) 農地法3条1項の適用除外規定

　農地法所定の許可書の添付が不要な場合として，農地法の許可を要しない場合と，農地法の許可を得ることは必要であるが，許可書の添付が不要な場合がある。

　農地法の許可自体が不要な場合として，農地法3条1項1号から16号の各号に，農地法3条1項の規定の適用除外が列挙されている。詳細は本編第1章第1節1を参照されたい。

(2) 許可書の添付が不要な登記

　農地法の許可自体は必要であるが，許可書の添付が必要な場合として，不動産競売・公売により農地を買い受ける場合における嘱託登記の申請や，判決による登記であり判決理由中に非農地であることや，当該農地について農地法の許可を受けていることが明らかである場合も許可書の添付が不要である。また，判決理由中に農地法の許可を条件に所有権移転登記を命ずる判決である場合は，条件成就執行文の付与が必要であるため，許可書の添付は不要である。

　なお，農地法3条1項の許可書の添付が不要な場合であっても，宅地転用のための売買など別途農地法5条の許可書の添付が必要な場合や，市街化区域内農地を移転する場合など，別途農業委員会への届出書の添付が必要な場合もある。

　その他，登記に農地法所定の許可書の添付が不要な登記は以下の図表どおりである。

---

43) 昭44・6・17民事甲1214号民事局長回答
44) 登研492号119頁

第3章 登記

〈許可書の添付が不要な登記〉

時効取得による所有権移転[45]
調停・審判による財産分与による所有権移転[46]
被相続人A→相続人B，Cに相続による所有権移転
被相続人A→相続人Bへの遺産分割による所有権移転
被相続人A→相続人Bへの特定遺贈による所有権移転[47]
被相続人A→相続人以外のDへの包括遺贈による所有権移転[48]
共同相続人間での相続分譲渡[49]
特別縁故者への民958条の2による相続財産分与による所有権移転[50]
農地を所有する法人の合併，会社分割等による所有権移転
国又は都道府県に対する所有権移転[51]
土地収用法に基づく土地収用による所有権移転[52]
共有者の一部による持分放棄による他の共有者への持分移転登記[53]
「真正な登記名義の回復」による元所有者への所有権移転登記[54]
債務不履行による契約解除又は取消しによる所有権移転[55]
錯誤による所有権移転登記の抹消[56]
Aの単独所有としてした相続による所有権移転登記を相続人A及び相続人B名義に更正する[57]
A→Bへ農地法の許可を得て贈与によって所有権移転登記をした後に，原因を贈与から売買に更正する[58]

[45] 最一小判昭50・9・25民集29巻8号1320頁
[46] 農地3条1項12号
[47] 農地規15条5号
[48] 農地規15条5号
[49] 最三小判平13・7・10民集55巻5号955頁
[50] 農地3条1項12号
[51] 農地3条1項5号
[52] 農地3条1項11号
[53] 昭23・10・4民事甲3018号民事局長通達
[54] 昭40・9・24民事甲2824号民事局長回答
[55] 最二小判昭38・9・20民集17巻8号1006頁
[56] 登研362号81頁
[57] 登研417号104頁
[58] 登研395号93頁

A→B，Cへ農地法の許可を得て売買によって所有権移転登記をした後にBC間の持分を更正する[59]
農地に抵当権を設定する
権能なき社団における「委任の終了」を原因とした所有権移転[60]
判決による登記[61]

3 当事者が死亡した場合における許可書の効力

　農地法の許可をめぐり，農地法の許可の申請人である，現在の所有者や，許可を得て農地を取得しようとしている者が一連の手続の最中に死亡した場合に，当該農地法の許可の効力についてどのように取り扱われるか，登記名義人である現在の農地所有者が死亡した場合と，新たに農地を取得する者が死亡した場合に分けて，それぞれ解説する。

(1) 現在の所有者が死亡

① 農地法の許可申請後，許可到達前に死亡した場合

　現在の所有者が生存中にされた農地法の許可申請は，有効に申請されたものである限り，その効力に影響はない。ただし，当該許可書を添付して所有権移転登記を行う場合には，現在の所有者から相続人への相続登記を申請した上で，所有権移転登記を行う必要がある。

　所有権移転登記を行う際に添付する許可書については，死亡した所有者の名義で差し支えない[62]。

　また，既に農地法の許可を得ることを条件とする仮登記がされている場合には，許可前に現在の所有者が死亡した場合であっても，後日，到達した農地法の許可書をもって当該仮登記の本登記を行う場合には，本登記の前提として，相続登記を行うことを要しない[63]。

---

59) 登研360号91頁
60) 昭58・5・11民三2983号民事第三課長回答
61) 昭22・10・13民事甲840号民事局長回答
62) 昭40・3・30民事三発309号民事第三課長回答
63) 昭35・5・10民事三発328号民事第三課長事務代理電報回答

② 農地法の許可書が到達後，死亡した場合

　農地の登記名義人が生存中に，農地法の許可書が到達し，その後に死亡した場合については，農地の所有権は，登記名義人の死亡前に既に買受人に移転していることから，相続人は，当該所有権移転にかかる登記の履行義務を相続するにすぎない。

　したがって，相続登記をすることは要せず，農地取得者と相続人全員が申請人となり，当該許可書を添付して，所有権移転登記を行うことができる。

(2) **農地の取得者が死亡**

① 農地法の許可申請後，許可到達前に死亡した場合

　農地の権利移転については，農地法の許可の到達をもって，その効力が発生することから，許可書の到達前に，取得するはずだった者が死亡した場合には，その許可を相続人が承継することはできず，失効する。

　農地法の許可は，取得者が農業従事者であることなど一定の条件にされるものであり，当該農地法の許可の申請にかかる許可は，申請者の一身専属であるといえる。[64] 相続人が当該農地の取得を希望する場合は，改めて相続人が申請者となり，農地法の許可を申請し，許可を得た後，所有権移転登記を申請する必要がある。

② 農地法の許可書が到達後，死亡した場合

　新たに農地を取得する者が，農地法の許可書の到達を受けた後，所有権移転登記を申請する前に死亡した場合には，農地法の許可が到達した時点で，所有権移転の効力が生じていることから，生存中に一旦は農地を取得したことになる。被相続人が取得した農地は，相続によって，相続人が承継することになる。この時，相続人においては，相続による農地の取得であることから，農地法3条の許可を得る必要はなく，農地法3条の3の届出を行うことで足りる。この場合，元の所有者から，当該農地法の許可を受けた被相続人を権利者とする所有

[64) 昭51・8・3民三4443号民事第三課長回答

権移転登記を行い、さらに被相続人から相続人への相続による所有権移転登記を申請する。

第2節　仮登記

1　概　要

(1)　農地における仮登記の意義

　仮登記とは、「まだ本登記をする手続上又は実体上の要件を具備していないが、将来本登記をする場合に備えて、あらかじめ、その順位を保全しておくためにする予備登記である」とされている。[65] 農地について権利を移転したり、設定したりする場合には、農地法所定の許可を得ることが必要であるが、その許可を得るには、1か月以上かかることもまれではないことから、売買代金支払等の取引上のスケジュールと、農地法の許可を得るタイミングが合わないことも多い。

　そこで、農地を取得する場合には、農地法の許可を得ることを条件に売買契約を締結し、仮登記をすることで、順位を保全することが可能となり、農地法の許可書の到達後に本登記を行うことも実務上多い。

　仮登記には、既に実体的な権利変動が生じているが、その登記を申請するに際して申請情報とともに提供すべきこととされている登記識別情報又は第三者の許可、同意若しくは承諾を証する情報を提供することができない場合に認められるいわゆる1号仮登記（不登105条1号）と、まだ現実の権利変動は生じていないが、その設定、移転、変更又は消滅に関する請求権（始期付き又は停止条件付きのものその他将来確定することが見込まれるものを含む。）が生じている場合に、これを保全し、将来の本登記の順位を確保するためにするいわゆる2号仮登記（不登105条2号）[66] がある。

---

65) 小池信行・藤谷定勝監修『Q&A　権利に関する登記の実務XI　第5編　仮登記(上)』(日本加除出版、2014年) 3頁
66) 前掲（注65）53頁及び74頁

農地法の許可が得られていない場合には，未だ権利変動が生じていない状態であることから，農地について1号仮登記を行う場合は，既に得た農地法の許可書を紛失した場合や，登記識別情報通知が提供できない場合など農地特有の事情ではない場合が多いものと考えられる。

(2) **農業委員会への通知**[67]

農地について，始期付き又は条件付きの売買等により，2号仮登記がされ，その後長期間本登記がなされていないような農地が，長期間耕作が放棄されている事例が見受けられることから，農業委員会は管轄登記所から，毎月情報提供を受けることとされている。登記官は，農地について2号仮登記がされた場合，当該農地の所在及び地番を取りまとめた連絡票を作成することとされ，農業委員会は，毎月その情報提供を受け，その情報に基づき，当該農地について調査をしなければならない。調査によって，当該農地の本登記をするために農地法に基づく許可等の手続が行われていないことが確認されたものについて，以下の対応を講じることとされている。

---

① 当該農地の所有者に対し，次の事項を周知徹底する。
　ア 農地の売買は，農地法に基づく許可等がなければ，所有権移転の効力を生じないこと
　イ 農地法に基づく許可等がなければ，売買契約の締結がされていても，農地の所有権は仮登記権利者ではなく，農地の所有者にあること
　ウ 農地法に基づく許可等を受ける前に仮登記権利者に農地を引き渡した場合は，農地法違反となり，3年以下の懲役又は300万円以下の罰金（法人が転用目的で農地を引き渡した場合は，1億円以下の罰金）の適用があること
② 農地の所有者が耕作を放棄するに至った場合には，耕作の再開もしくは貸付けを行うよう指導し，農地の所有者が認定農業者等への貸付けを希望する場合には，借受者のあっせんに努めること
③ 当該農地の仮登記権利者に対し，次の助言等を行う。
　ア 農地の売買は，農地法に基づく許可等がなければ，所有権の移転の効力を生じないこと。
　イ 農地法に基づく許可等がなければ，売買契約の締結がなされていても，

---

[67] 平20・12・1付20経営4874号・農振1409号農林水産省経営局長・農村振興局長通知1⑶「農地について所有権に係る移転請求権保全の仮登記及び条件付権利（又は期限付権利）の仮登記の申請があった場合の取扱いについて」（最終改正：令5・3・29付4経営3240号）

　　　　農地の所有権は仮登記権利者ではなく，農地所有者にあること
　ウ　農地法に基づく許可等を受ける前に，農地の引渡しを受けた場合は，農地法違反となり，3年以下の懲役又は300万円以下の罰金（法人が転用目的で農地を引き渡した場合は，1億円以下の罰金）の適用があること
　エ　農地転用を希望している仮登記権利者に対し，2号仮登記を行ったことは，農地転用許可の判断において何ら考慮されるものではないこと

2　仮登記の申請

(1)　申請方法

　農地について，売買によって所有権を移転する場合，農地法の許可を条件とする条件付き売買契約を締結し，当事者双方によって，条件付所有権移転仮登記（2号仮登記）を申請することができる。

　契約に付す条件については，「農地法3条（あるいは5条）の許可」とするほか，農地法の許可を得た後に，売買代金を完済するような場合については，「農地法3条（あるいは5条）の許可及び売買代金完済」とする場合もある。

　なお，市街化区域内農地を宅地転用のために売買する場合であって，農業委員会への届出を条件とする場合には，条件として「農地法5条の届出」と記載すべきとされている[68]。

　さらに，売買予約（農地法3条による許可後に本契約をすることの予約）を原因とする所有権移転請求権の仮登記や，農地法3条の許可を得た後に，買主が予約完結権を行使するものとする，売買の一方の予約に基づく所有権移転の仮登記などを行うことも考えられる[69]。

　なお，一度「条件　農地法第5条の許可」として仮登記をした場合に，後日，農地転用をやめ，「条件　農地法第3条の許可」として仮登記を変更することも可能である。もっとも，仮登記の変更を行わなくとも，農地法3条の許可を得て，「条件　農地法第5条の許可」とされている

---

[68]　登研471号135頁
[69]　前掲（注65）『Q&A　権利に関する登記の実務Ⅺ　第5編　仮登記（上）』217頁～220頁

第3章 登 記

仮登記の本登記が申請された場合は，同一人を対象とする当該農地法3条の許可書が添付されていれば，仮登記の本登記は受理して差し支えないものとされている。[70]

農地法所定の許可を条件とした仮登記をした場合，当該農地法の許可が到達した日に，所有権移転の効力が生じ，条件が成就したことになり，仮登記の本登記をすることができる。

(2) 申請書書式例

仮登記の申請にあたって，必要な添付書類は以下のとおりである。

登記原因証明情報
印鑑証明書（登記義務者）
代理権限証明情報（代理人が申請する場合）
固定資産税評価証明書，納税通知書等不動産の価格がわかるもの

〈例・仮登記申請書〉

```
                        登 記 申 請 書

登記の目的    条件付所有権移転仮登記
原   因    令和○年○月○日売買
            （条件 農地法第3条の許可）
権 利 者    ○○県□□市△△町○○番地
                    Y
義 務 者    ○○県□□市△△町○○番地
                    X
添付書面    登記原因証明情報　印鑑証明書　代理権限証書
令和6年12月28日申請　○○地方法務局□□出張所
代 理 人    ○○県□□市▲▲○丁目○番地○
                司法書士　○○　○○
                電話番号　○○-○○○○-○○○○
課税価格    金○○円※①
登録免許税  金△△円※②
```

---

70) 青山修『農地登記申請memo』（新日本法規出版，2018年）164頁，昭37・1・9民事三発5民事局第三課長回答

```
不動産の表示　（略）
　　所　　在　　○○市□□字△
　　地　　番　　101番
　　地　　目　　畑
　　地　　積　　859.50㎡
```

※①　固定資産評価額（1000円未満切り捨て）
※②　固定資産評価額の1000分の10（100円未満切り捨て）

〈例・仮登記本登記申請書〉

```
　　　　　　　　　　登　記　申　請　書

登記の目的　　２番仮登記の所有権移転本登記
原　　　因　　令和○年○月○日売買
権　利　者　　○○県□□市△△町○○番地○
　　　　　　　　　　　Y
義　務　者　　○○県□□市△△町○○番地△
　　　　　　　　　　　X
添付書面　　登記識別情報　　登記原因証明情報
　　　　　　印鑑証明書　　住所証明書　代理権限証書
令和7年1月10日申請　　○○地方法務局□□出張所
代　理　人　　○○県□□市▲▲○丁目○番地○
　　　　　　　　　司法書士　○○　○○
　　　　　　　　　電話番号　○○－○○○○－○○○○
課税価格　　金○○円※①
登録免許税　　金△△円※②
不動産の表示　（略）
　　所　　在　　○○市□□字△
　　地　　番　　101番
　　地　　目　　畑
　　地　　積　　859㎡
```

※①　固定資産評価額（1000円未満切り捨て）
※②　固定資産評価額の1000分の10（100円未満切り捨て）

第3節　地目変更登記

1　概　要

　登記申請において，当該土地が農地であるか否かについては，登記記録に記載された「地目」によって判断をする。地目が，「畑」，「田」である土地については，当該土地について，売買などによる所有権移転登記を申請する場合には，農地法所定の許可書の添付が必要となる。既に現在の土地の状況自体も，農地ではなく，宅地や公衆用道路等になっている場合は，登記上の地目の変更が必要となる。

　ただし，市街化区域外において，農地を宅地等に転用するには，農地法4条又は5条の転用許可が必要となるため，登記上の地目を変更するだけでは，違法転用となることに注意が必要である。

2　登記手続

(1)　**申請方法**

　市街化区域以外にある農地について，農地以外の地目に地目変更登記を行う場合は，農地法所定の転用許可を得る必要がある。当該許可を得た場合には，許可書を添付し，地目変更登記を申請する。市街化区域内の農地については，届出受理通知書が許可書に代わる（例外として本節3参照）。

　なお，何年も前から現況が農地以外の地目であった場合などについては，農業委員会や都道府県知事等によって発行された，「農地に該当しない旨の証明書」を添付して申請することも可能である。具体的には，「非農地証明書」，「現況証明書」，「現地目証明書」，「転用事実確認証明書」等が該当する。[71]

　農業委員会が発行する現況証明書等を添付してする，農地法5条にかかる地目変更登記については，表題部の登記であるが，司法書士が代理

---

71)　中村隆・中込敏久監修『新版　Q&A　表示に関する登記の実務　第2巻』（日本加除出版，2007年）252頁

人として申請することも可能である。[72]

〈例・非農地証明書〉

5　委証第　号
令和5年　月　日

耕作を目的としない土地である旨の証明書

　下記の土地は農地法第5条第1項第6号（当時）の規定による届出により、令和5年　月　日付け元　委転第　号をもって受理通知書が交付されており既に耕作を目的としない土地であることを証明します。

記

土地の所在　　東京都　　区

町丁目・地番	地目	面積(㎡)	転用の目的
6丁目　番	畑	.	住宅建設
6丁目　番	畑	.	
以下余白			

　　　　　　　　　　　区農業委員会会長

---

72) 昭44・5・12民事甲1093号民事局長通達

また，地目変更登記を申請する際に，変更後の地目を記載するほか，申請する土地の地積について，1平方メートルの100分の1の単位まで記載することを要する。地積に記載すべき数値については，実測のほか，測量図面等から求積して求める必要がある。ただし，宅地・鉱泉地以外の土地であって，10平方メートルを超えるものについては，1平方メートル未満の端数の記載は要しない。

なお，1平方メートル未満の地積を記載する場合について，2005年3月6日以降に，当該土地について地積測量図が提供され，当該地積測量図の中に，1平方メートルの100分の1の単位まで実測された面積の記載があるときは，当該面積を変更後の地積として申請書に記載して差し支えないとされている。

(2) **申請書書式例**

〈例・登記申請書〉

登 記 申 請 書

登記の目的　　　地目変更

添付情報
　　許可書

令和1年7月1日申請
　　○○法務局（又は地方法務局）○○支局（又は出張所）
申　請　人　　○○市○○町二丁目5番6号
　　　　　　　　　　甲　野　太　郎　印
　　　　　連絡先の電話番号00-0000-0000

不動産番号		1234567890123			
所　在		○○市○○町二丁目			
	① 地　番	② 地　目	③ 地　積 ㎡	登記原因及びその日付
	35番2	畑	150	

土地の表示		宅地	150	27	②③令和1年6月20日地目変更

(参考：法務局ウェブサイト「不動産登記の申請書様式について──1）土地地目変更登記」(https://houmukyoku.moj.go.jp/homu/content/001189452.pdf) 元に掲載)

3 登記官の照会

地目が農地である土地について，地目変更登記が申請された場合，農地法所定の許可書や，農地に該当しない旨の証明書が添付されていない場合は，登記官において，農業委員会に対し，過去の転用許可の有無や対象土地の現況，転用の事実などを照会するものとされている。農業委員会からの回答を受け，当該地目変更の可否を登記所において判断するものとされている。[73]

実際に，当該土地が市街化区域内である場合，登記簿上の地目が農地であっても，現況が農地ではない土地の地目変更について，農地法の転用手続を経由せず，登記官による照会によって，事務処理を行う自治体もある。

また，地目の変更の日付は，確実な資料に基づいて認定するものとし，安易に申請どおりに認定すべきでない[74]とされており，確実な認定資料が得られないときは，「年月日不詳」，「昭和何年月日不詳」等として差し支えないとされている。[75]

---

[73] 昭56・8・28民三5402号民事局長通達
[74] 昭56・8・28民三5402号民事局長通達
[75] 昭56・8・28民三5403号民事第三課長依命通知

第3編 税務

はじめに

農地を含めた土地に対しては、その取得、保有・活用及び譲渡の各局面で諸種の税が課されている。そのうち主なものについて、以下に課税の大まかな仕組みを説明し、次いで農地に関する取扱いを解説することとする。

第1章 農地の取得に対して課される税

第1節 相続税の概要

1 相続税の仕組み

相続税は、被相続人（死亡した人）の財産を相続等（相続、遺贈及び死因贈与）によって取得した相続人等に対して、その取得した財産の価額を基に課される税である。

相続等により財産を取得した者は、相続税の申告が必要な場合は、相続の開始を知った日の翌日から10か月以内に、被相続人の住所地を所轄する税務署に相続税の申告書を提出するとともに、納付税額が算定される場合には納税しなければならない（相続税27条1項）。

2 相続税の計算

相続税は次のように計算される（相続税11条～20条の2）。

(1) **課税価格の計算**

相続等により財産を取得した各人の課税価格を個々に計算し，当該相続により財産を取得した全ての者の課税価格の合計額を計算する。この課税価格には，相続人等が一定の生前贈与によって被相続人から取得した財産等の価格が加算されるとともに，債務及び葬式費用の額が差し引かれる。

(2) **相続税の総額の計算**

課税価格の合計額から遺産に係る基礎控除額（3,000万円＋600万円×法定相続人数）を控除した課税遺産総額を基に，各法定相続人の法定相続分に税率を乗じることで各人の相続税額を計算し，これを合計して相続税の総額を求める。

(3) **各人の算出税額の計算**

相続税の総額を，各相続人等が取得した財産額の割合に応じて配分し，各人の算出税額を計算する。

(4) **各人の納付税額の計算**

各人の算出税額から，各人に応じた各種の税額控除額（配偶者の税額の軽減[1]，未成年者控除等）を控除して各人の納付税額を計算する。

上述の相続税の計算方法を設例によって示せば次の表のとおりである。

〈前提条件〉

相続人：妻，子3人（長男，長女，次女）　計4人

課税価格の合計額：3億円

各相続人の取得財産額：妻1億6千万円，長男1億4千万円（長女・次女が取得した財産はないものとする。）

---

[1] 配偶者の税額の軽減とは，配偶者が相続等により取得した遺産額が配偶者の法定相続分相当額又は1億6千万円のいずれか多い方の金額以下であれば，配偶者に相続税はかからないという制度である（相続税19条の2）。

〈相続税の計算例〉

項　目	計算式	金　額（万円）	
(1)　課税価格			30,000
(2)　相続税の総額			
基礎控除額	3,000＋600×4人	5,400	
課税遺産総額	30,000－5,400	24,600	
妻の法定相続分	24,600×1/2	12,300	
子の法定相続分	24,600×1/6	4,100	
妻の相続税額	12,300×40％－1,700	3,220	
子の相続税額	4,100×20％－200	620	
相続税の総額	3,220＋620×3人		5,080
(3)　各人の算出税額			
妻の算出税額	5,080×16,000/30,000		2,709
長男の算出税額	5,080×14,000/30,000		2,370
(4)　各人の納付税額			
妻の納付税額	2,709－2,709（配偶者の税額軽減）		0
長男の納付税額			2,370

❸ 相続財産の評価

　相続税が課せられる財産の評価は，相続等によりその財産を取得した時点（課税時期）における「時価」によると定められている（相続税22条）。

　「時価」とは「不特定多数の当事者間で自由な取引が行われる場合に通常成立すると認められる価額」をいう。しかし，土地等の不動産をはじめ，多くの相続財産には統一的な取引市場が存在せず，時価を正確に把握することが容易でないものがほとんどである。こうしたことから，国税庁は「財産評価基本通達」を定め，この通達により評価した価額をもって上記の「時価」として取り扱うこととしている。

(1) 土地の評価

　財産評価基本通達における土地の評価方法は次のとおりである。

　土地は評価する際，宅地・田・畑・山林・原野・牧場・池沼・鉱泉地・雑種地に分類する。相続税の評価にあたっては，登記簿に記載されている地目（土地の種類）に関わらず，相続開始日現在の土地の状況により地目が判断される。

　評価は地番１つずつではなく，利用状況に応じて１区画ごとに行う。

　評価方法は「路線価方式」と「倍率方式」の２種類がある。路線価や倍率は毎年７月頃に各国税局が定める。

　「路線価方式」というのは，その土地の面している道路に付された標準価格（路線価）を基準に評価する方法である。これにその土地の奥行き・間口・形状・角地かどうかなど，土地の価格に影響を与える条件を考慮して，最終的な評価額を算出する。この方法による評価は，その土地の形状や状況（がけや傾斜があるとか，道路に面していないなど）によって評価額が変動する。

　「倍率方式」は固定資産税評価額に一定の倍率をかけて評価する方法である。国税庁が公表している倍率表に記載されている倍率を，市区町村役場の発行する評価証明書の固定資産税評価額に乗じれば求められる。固定資産税評価額は土地の形状や状態などを考慮して定められているため，路線価方式のように複雑な調整計算は必要とされない。

(2) 農地の評価

　農地は評価する場合，①純農地，②中間農地，③市街地周辺農地，④市街地農地のいずれかに分類する。

　① 純農地

　　純農地は，その固定資産税評価額に，田又は畑の別に，地勢等の状況の類似する地域ごとに国税局長の定める倍率を乗じた価額によって評価する。

　② 中間農地

　　中間農地は，その固定資産税評価額に，田又は畑の別に，地価事情の類似する地域ごとに国税局長の定める倍率を乗じた価額によって評

価する。
③　市街地周辺農地

市街地周辺農地は，次項（下記④）本文の定めにより評価したその農地が市街地農地であるとした場合の価額の100分の80に相当する金額によって評価する。

④　市街地農地

市街地農地は，その農地が宅地であるとした場合の1平方メートル当たりの価額からその農地を宅地に転用する場合に通常必要と認められる1平方メートル当たりの造成費に相当する金額として，国税局長の定める金額を控除した金額に，その農地の地積を乗じて計算した金額によって評価する。

ただし，市街化区域内に存する市街地農地については，その農地の固定資産税評価額に地価事情の類似する地域ごとに，国税局長の定める倍率を乗じて計算した金額によって評価することができるものとし，その倍率が定められている地域にある市街地農地の価額は，その農地の固定資産税評価額にその倍率を乗じて計算した金額によって評価する。

(3) **地積規模の大きな宅地の評価**（財産評価基本通達20‐2）

「地積規模の大きな宅地」とは，三大都市圏[2]においては500平方メートル以上の地積，その他の地域においては1,000平方メートル以上の地積の宅地をいい，この定めの適用対象となる宅地は，路線価に各種画地補正率等を適用した上に，「規模格差補正率」を乗じて求めた価額に，その宅地の地積を乗じた価額によって評価することができ，20パーセント以上の評価減が可能になる。

なお，農地であっても，市街地農地及び市街地周辺農地については，その市街地農地等が宅地であるとした場合に「地積規模の大きな宅地」の要件に該当する場合は，「その農地が宅地であるとした場合の1平方メートル当たりの価額」についてこの定めを適用して評価できる。

---

[2]「三大都市圏」とは東京圏，大阪圏，名古屋圏をいう。
「東京圏」とは，首都圏整備法による既成市街地及び近郊整備地帯を含む市区町の区域を，「大阪圏」とは，近畿圏整備法による既成都市区域及び近郊整備区域を含む市町村の区域を，また「名古屋圏」とは，中部圏開発整備法による都市整備区域を含む市町村の区域をいう。

① 地積規模の大きな宅地の要件

地積以外の要件は，次のいずれかに該当する宅地でないことである。

　ア　市街化調整区域に所在する宅地

　イ　都市計画法の用途地域が工業専用地域に指定されている地域に所在する宅地

　ウ　指定容積率が400パーセント（東京都の特別区においては300パーセント）以上の地域に所在する宅地

　エ　大規模工場用地

② 規模格差補正率

規模格差補正率は次の算式により計算する。

$$規模格差補正率 = \frac{Ⓐ \times Ⓑ + Ⓒ}{地積規模の大きな宅地の地積（Ⓐ）} \times 0.8$$

上記算式中のⒷ及びⒸは，その宅地の所在する地域及び地積に応じて，次の表のとおり定められている。

〈規模格差補正率の計算に用いる数表〉

A　三大都市圏に所在する宅地

地積	普通商業・併用住宅地区，普通住宅地区	
	Ⓑ	Ⓒ
500㎡以上　1,000㎡未満	0.95	25
1,000㎡以上　3,000㎡未満	0.90	75
3,000㎡以上　5,000㎡未満	0.85	225
5,000㎡以上	0.80	475

B　三大都市圏以外の地域に所在する宅地

地積	普通商業・併用住宅地区，普通住宅地区	
	Ⓑ	Ⓒ
1,000㎡以上　3,000㎡未満	0.90	100
3,000㎡以上　5,000㎡未満	0.85	250
5,000㎡以上	0.80	500

農地の相続税評価の計算を設例によって示せば次のとおりである。

例1

〈中間農地〉

所在地域：市街化調整区域

地目：畑

地積：300㎡

固定資産税評価額：20,970円

倍率：114倍

評価額：20,970円×114倍＝2,390,580円

例2

〈市街地農地〉

所在地域：市街化区域（路線価地域の普通住宅地区）

地目：畑

地積：500㎡

間口：25m

奥行：20m

路線価：150千円（1㎡当たり）

宅地造成費：整地費800円（1㎡当たり）

評価額： $150{,}000$円 × 1.0（奥行価格補正率）× $\dfrac{500 \times 0.95 + 25}{500}$ × 0.8（規模格差補正率）

＝120,000円　（自用地1㎡当たりの価額）

⇨（120,000円－800円（整地費））×500㎡＝59,600,000円

4　小規模宅地等の特例

　相続又は遺贈によって取得した財産のうち，被相続人等（被相続人又は被相続人と生計を一にしていた親族）の事業の用又は居住の用に供されていた宅地等で建物や構築物の敷地として使用されているものの一定の限度面積までの部分について，相続税の課税価格の計算上一定割合を減額することが

できる。

1回の相続についてこの特例の適用を受けることができる限度面積及び減額割合は下の表のとおりである。

〈小規模宅地の特例の限度面積・減額割合〉

区 分	選択特例対象宅地等	限度面積	減額割合
A	特定事業用宅地等	400㎡	80%
B	特定居住用宅地等	330㎡	
C	貸付事業用宅地等	200㎡	50%

※　この特例をCに適用しなければ，A400㎡とB330㎡の合計730㎡までが80パーセント減額可能となるが，Cに適用した場合は所定の調整計算が必要となる。

上記の各特例対象宅地等の要件等は次のとおりである。

A：特定事業用宅地等──被相続人等の事業（不動産貸付業等は除く。）に供されていた宅地等で，その事業を申告期限までに承継し，かつ，申告期限まで引き続きその事業を営んでいる場合などをいう。

B：特定居住用宅地等──被相続人等の居住の用に供されていた宅地等で，その宅地等の取得者が配偶者である場合，あるいは同居親族[3]で申告期限までその宅地等を有し，かつその宅地等に居住している者である場合などをいう。

C：貸付事業用宅地等──被相続人等の貸付事業の用に供されていた宅地等で，その貸付事業を申告期限までに承継し，かつ，申告期限まで引続きその事業を営んでいる場合などをいう。

第2節　贈与税の概要

1　贈与税の仕組み

贈与税とは，贈与によって財産を取得した場合に，その財産の価額を基

---

[3] 同居していない親族であっても，一定の要件を満たす者が申告期限までその宅地等を有している場合も含まれる。

として課される税である。贈与税の課税対象とされる財産には，通常の贈与契約によって取得された財産（本来の贈与財産）以外に，財産の低額譲受や債務免除による利益等，贈与により取得したものとみなされて贈与税が課されるもの（みなし贈与財産）がある。

贈与税の課税価格は，その年の1月1日から12月31日までの間に取得した本来の贈与財産とみなし贈与財産の価額の合計額である。

この課税価格から贈与税の基礎控除（110万円）及び配偶者控除を控除した後の金額に税率を適用して，贈与税額が計算される（租特70条の2の4，相続税21条の6）。

贈与税が課される場合には，贈与等により財産を取得した年の翌年2月1日から3月15日までの間に，贈与税の申告書を税務署に提出するとともに納税をしなければならない。

贈与税の税率は次の表のとおりである（相続税21条の7）。

〈贈与税の速算表〉

基礎控除後の課税価格	一般税率		特例税率	
	税率	控除額	税率	控除額
200万円以下	10%	—	10%	—
300万円以下	15%	10万円	15%	10万円
400万円以下	20%	25万円		
600万円以下	30%	65万円	20%	30万円
1,000万円以下	40%	125万円	30%	90万円
1,500万円以下	45%	175万円	40%	190万円
3,000万円以下	50%	250万円	45%	265万円
4,500万円以下	55%	400万円	50%	415万円
4,500万円超			55%	640万円

特例税率は，直系尊属からの贈与により財産を取得した18歳以上（贈与を受けた年の1月1日現在）の受贈者について適用される（ただし，2022年3月31日以前の贈与については20歳以上の受贈者が適用対象となる。）。

贈与税の計算方法を設例によって示せば次のとおりである。

> （例）
> 　父親からの贈与により価額500万円の財産を取得した場合（「特例税率」を使用）
> 　基礎控除後の課税価格：500万円－110万円＝390万円
> 　贈与税額の計算：390万円×15％－10万円＝48.5万円

2 相続時精算課税

　相続時精算課税制度とは，父母又は祖父母等から財産の贈与を受けた，その贈与者の子又は孫等が，贈与税・相続税を通じた課税を受けることを選択できる制度である（相続税21条の9～21条の18）。

　この制度が選択できるのは，原則として贈与者が60歳以上であり，受贈者が贈与者の直系卑属である推定相続人又は孫である18歳以上の者の場合である（年齢はいずれも贈与を行った年の1月1日現在。ただし2022年3月31日以前の贈与については20歳とする。）。

　相続時精算課税制度は，受贈者が贈与者ごとに選択できるが，いったん選択すると，以後その贈与者が死亡するまで継続して適用され，暦年課税に変更することはできない。

　相続時精算課税の適用を受ける贈与税額の計算は，贈与を受けた財産の額から特別控除額を控除した残額に対して一律20パーセントの税率を乗じて算出される。特別控除額は相続時精算課税に係る贈与者1人について2,500万円である（ただし前年以前にこの特別控除額を控除している場合には，残額が特別控除の限度となる。すなわち，その贈与者に係る相続発生時までの期間を通じて特別控除額は2,500万円が限度となる。）。[4]

---

[4] 令和5年度税制改正によって，相続時精算課税に関して次の改正が行われ，令和6年1月1日以後の贈与財産について適用されることとなった。
　① 相続時精算課税の適用を受けた贈与により取得する財産に係るその年分の贈与税については，現行の基礎控除2,500万円とは別途，課税価格から基礎控除年110万円を控除できることとする。
　② 相続時精算課税を選択した贈与者が死亡した場合における相続税の課税価格に加算される贈与財産の価額は，上記基礎控除額を控除した残額とする。

相続時精算課税を選択した贈与者が死亡した場合における相続税は，この制度を適用して贈与を受けた財産の価額（贈与時の時価）を，その受贈者が相続等によって取得した相続財産の価額と合計した金額を基にして税額を計算する。既に納付した相続時精算課税に係る贈与税額は，相続税額から控除され，控除しきれない額は相続税申告をすることにより還付される。

第3節　不動産取得税・登録免許税

土地等の不動産を取得した者に対しては，都道府県税としての不動産取得税が課される。また，取得した不動産を登記する際には，国税として登録免許税が課される。

1　不動産取得税の概要

(1)　不動産取得税の課税方法等

不動産取得税は，土地・家屋を購入，贈与，建築等により取得したときに，その取得した者に対して課される税である。有償・無償の別，登記の有無を問わず課税されるが，相続による取得等，一定の場合には課税されない（地税73条の2・73条の7）。

不動産取得税は，取得した不動産の価格（課税標準額）に税率を乗じて計算される。ここで不動産の価格とは，原則として固定資産課税台帳に登録された価格をいう。なお，令和9年3月31日までに取得した宅地及び宅地比準土地はその土地の価格に2分の1を乗じた価格とされる。

税率は次の表のとおりである（地税73条の15，同附則11条の2）。

〈不動産取得税の税率〉

取得日	土　地	家屋（住宅）	家屋（非住宅）
平成20年4月1日から令和9年3月31日まで	3％		4％

※　土地の取得は非住宅の敷地でも3％

③　相続時精算課税で贈与に受けた土地・建物が災害により一定以上の被害を受けた場合に，相続時にその課税価格を再計算することとする。

課税標準となる価格が次の額未満の場合は，不動産取得税は課税されない。

> 土地：10万円，　家屋：新築・増改築23万円，その他12万円（地税73条の15の2）

不動産を取得したときは，取得の日から都道府県条例で定められた期間内にその所在地を所管する都道府県税事務所に申告しなければならない。ただし，その期間内に登記申請を行った場合は申告は不要とされている（地方税73条の18）。

(2) **不動産取得税の徴収猶予**

上述のとおり，不動産取得税は相続に対しては課税されないが，生前贈与及び相続時精算課税の適用を受けた贈与は，ここにいう相続には含まれないため，これら贈与による取得に対しては原則として不動産取得税が課税される。ただし，農業を営んでいた贈与者から農地等の贈与を受けた受贈者がその農地等において引き続き農業を営む場合で，贈与税の納税猶予の対象となるものについては，受贈者の申請によって不動産取得税の徴収を猶予される特例が設けられている。猶予された税額は，贈与者又は受贈者が死亡した時等一定の場合には免除される（地税附則12条）。

この徴収猶予の要件等については，贈与税の納税猶予に係る租税特別措置法の規定が準用されている。詳細は第4節2（127頁）を参照されたい。

不動産取得税の徴収猶予の特例の適用を受けようとする者は，その農地等を取得した年の翌年3月15日までに，都道府県知事に対して徴収猶予を受けたい旨の申請書を提出しなければならない。

2 登録免許税の概要

登録免許税は，不動産，船舶，会社，人の資格等について登記・登録等を行う際に，その登記・登録等を受ける者を納税義務者として課税される。

納税地は，その登記等の事務をつかさどる登記官公署等の所在地である（登免2条・3条・8条）。

土地の所有権の移転に係る登録免許税の課税標準と税率は次の表のとおりである（登免9条・10条）。

〈登録免許税の課税標準と税率〉

内　容	課税標準	税　率	軽減税率（租特72条）
売　買	不動産の価額	1,000分の20	令和8年3月31日までの間に登記を受ける場合1,000分の15
相続，法人の合併又は共有物の分割	不動産の価額	1,000分の4	―
その他（贈与・交換・収用・競売等）	不動産の価額	1,000分の20	―

ここで，不動産の価額とは，市町村役場において固定資産課税台帳に登録された価格がある場合はその価格，登録された価格がない場合は登記官が認定した価格となる。

なお，相続による土地の所有権の移転登記に係る登録免許税は，次の場合には免除される（租特84条の2の3）。

① 相続により取得した土地の移転登記を行わないままその相続人が死亡し，その者の相続人が令和7年3月31日までに，その死亡した者を名義人とする移転登記を行う場合

② 個人が，価額が100万円以下の土地について，所有者不明土地利用円滑化法の施行日から令和7年3月31日までの間に，相続による移転登記を行う場合

第4節　農地の相続税・贈与税の納税猶予

1　農地に係る相続税の納税猶予制度

(1) 相続税の納税猶予制度の概要

　農業（特定貸付け等を行う場合を含む。）を営んでいた被相続人から，一定の相続人が農地等を相続又は遺贈によって取得し，引き続き農業（同上）を営む場合には，一定の要件の下，取得した農地等の価額のうち農業投資価格を超える部分に対応する相続税は，所定の期限まで納税を猶予され，その期限において猶予されていた相続税は免除される（租特70条の6第1項）。

　農業投資価格とは，恒久的に農業の用に供される農地等として取引される場合に通常成立する価格として国税局長が定めた価格をいう。令和6年分の南関東4都県の農業投資価格は次の表のとおりである。

〈農業投資価格〉
(10アール当たり)

都道府県 \ 地目	田	畑	採草放牧地
東京都	千円 900	千円 840	千円 510
神奈川県	830	800	510
埼玉県	840	790	—
千葉県	740	730	490

（参考：国税庁「財産評価基準書　路線価図・評価倍率表」）

(2) 納税猶予の適用要件

　農地等に係る相続税の納税猶予の適用を受けるための要件は次のとおりである（租特令40条の7）。

　① 被相続人の要件

　　次のいずれかに該当する者であること

　　ア　死亡の日まで農業を営んでいた者

イ　農地等の生前一括贈与をした者（その死亡の日まで受贈者が贈与税の納税猶予の適用を受けていた場合に限る。）
ウ　死亡の日まで特定貸付け等を行っていた者
エ　死亡の日まで相続税の納税猶予の適用を受けていた農業相続人又は農地等の生前一括贈与の適用を受けていた受贈者で，営農困難時貸付けをし，税務署長に届出をした者
② 相続人の要件
次のいずれかに該当する者であること
ア　相続税の申告期限までに農業経営を開始し，その後も引き続き農業経営を行う者
イ　農地の生前一括贈与を受けた受贈者
ウ　相続税の申告期限までに特定貸付け等を行った者
エ　農地等の生前一括贈与の特例の適用を受けた受贈者で，営農困難時貸付けをし，税務署長に届出をした者（贈与者の死亡の日後も引き続いて営農困難時貸付けを行うものに限る。）
③ 猶予の対象となる農地等の要件
次のいずれかに該当する農地等であること
ア　被相続人が農業の用に供していた農地等で，相続税の申告期限までに遺産分割されたもの
イ　被相続人が特定貸付け等を行っていた農地等で，相続税の申告期限までに遺産分割されたもの
ウ　被相続人が営農困難時貸付けを行っていた農地等で相続税の申告期限までに遺産分割されたもの
エ　被相続人から一括生前贈与により取得した農地等で，贈与税の納税猶予の適用を受けていたもの
オ　相続等により財産を取得した者が，相続開始の年に被相続人から生前一括贈与を受けたもの

(3) 猶予税額の免除
この特例により猶予されていた相続税額は，次の場合に免除される（租特70条の6第39項）。

① 納税猶予の適用を受けていた相続人が死亡した場合
② 納税猶予の適用を受けていた相続人が、その対象となった農地等を農業後継者に生前一括贈与した場合
③ 納税猶予の適用を受けた相続人が、相続税の申告期限の翌日から20年間農業を継続した場合（三大都市圏の特定市以外に所在する市街化区域農地（生産緑地等を除く。）に限る。）

(4) 納税猶予期限の確定

次のいずれかに該当することとなった場合には、その農地等に係る猶予税額の全額を納付しなければならない（租特70条の6第40項）。
① 納税猶予の対象となった農地等の20パーセント超（面積）について、譲渡、貸付け、転用、耕作放棄があった場合
② 納税猶予の対象となった農地等について、農業経営を廃止した場合
③ 継続届出書の提出がなかった場合

なお、収用交換等による譲渡等をした場合、納税猶予の対象となった農地等の20パーセント以下について譲渡等があった場合等は、その猶予税額の一部（譲渡等部分に対応する額）を納付しなければならない。

上記により納付する相続税額については、相続税の申告期限の翌日から納税猶予期限までの期間に応じた利子税を併せて納付しなければならない。

(5) 納税猶予額の計算

相続税の納税猶予額の計算を、前述第1節の111頁の計算例と同一の設例によって示せば次の表のとおりである。ただし、農地等を相続したのは長男であり、地目は畑、所在地は神奈川県内、面積は500平方メートル、相続税評価額は1億円、また納税猶予の適用要件は全て満たしているものとする。

〈相続税の納税猶予額の計算例〉

項　目	計算式	金　額（万円）
(a) 納税猶予の対象農地の農業投資価格による	80×500㎡／1,000㎡	40

評価額			
(b) 農業投資価格超過額	10,000 − 40(a)	9,960	
(c) 農業投資価格により計算した長男の取得財産の価額	14,000 − 9,960(b)	4,040	
ア．課税価格	（妻）16,000 ＋（長男）4,040(c)		20,040
イ．相続税の総額			
基礎控除額	3,000 ＋ 600 × 4 人	5,400	
課税遺産総額	20,040 − 5,400	14,640	
妻の法定相続分	14,640 × 1/2	7,320	
子の法定相続分	14,640 × 1/6	2,440	
妻の相続税額	7,320 × 30％ − 700	1,496	
子の相続税額	2,440 × 15％ − 50	316	
相続税の総額	1,496 ＋ 316 × 3 人		2,444
ウ．各人の算出税額			
妻の算出税額	2,444 × 16,000／20,040		1,951
長男の算出税額	2,444 × 4,040／20,040	492	
長男の税額差額（納税猶予額）	(5,080 − 2,444) × 9,960／9,960 （各人の(b)／全員の(b)）	2,636	3,128
エ．各人の納付税額			
妻の納付税額	1,951 − 1,951（配偶者の税額軽減）		0
長男の納付税額	3,128 − 2,636（納税猶予額）		492

(6) 納税猶予の適用を受けるための手続

　相続税の納税猶予の適用を受けるための手続等は次のとおりである。

① 相続税の申告手続

　相続税の申告書に所定の事項を記載し期限内に提出するとともに，農地等納税猶予税額及び利子税の額に見合う担保を提供することが必要である。また申告書には一定の書類を添付する必要がある。そのうち主なものは次のとおりである。

ア　相続税の納税猶予に関する適格者証明書

　　　　対象となる農地等の所在する市町村の農業委員会が発行する証明書であって，被相続人が死亡の日まで農業を経営していたこと，相続人が相続した農地等で農業に従事していること等を証明するものである。

　　イ　特例農地等のうちに市街化区域内農地等がある場合には，その農地等が特例農地等に該当することを証する市町村長の書類

　　ウ　その他特例の適用要件を確認する書類

　　エ　担保提供書及び担保提供関係書類（登記事項証明書，固定資産評価証明書等）

　② 納税猶予期間中の継続届出

　　納税猶予期間中は相続税の申告期限の翌日から3年目ごとに，引き続いてこの特例の適用を受ける旨及び特例農地等に係る農業経営に関する事項等を記載した「継続届出書」を提出することが必要である。「継続届出書」には次の書類を添付することが必要である。

　　ア　農業経営を引き続き行っている旨の農業委員会[5]の証明書

　　イ　特例農地等に係る農業経営に関する明細書

　　ウ　特例農地等の異動の明細書（この届出書を提出する前3年間に異動があった場合）

(7) **相続税の免除手続**

　　相続人の死亡，納税猶予に係る農地等の後継者への一括贈与又は相続税の申告期限の翌日から20年を経過したことによって，猶予されていた相続税の免除を受けるためには，その事由の発生後遅滞なく「相続税の免除届出書」を所轄の税務署長に提出する必要がある。

　（注）　農地に対する相続税の納税猶予は納付すべき相続税額がある者に限り適用されるが，被相続人の配偶者が農業相続人であるものとすれば納付すべき相続税額が算出されない場合でも，農業相続人以外の者であるものすれば納付すべき相続税の額が算出される場合で，納税猶予の適用を受ける旨

---

[5] 農業委員会は常設の機関ではなく月1度程度開催されるのが通例であり，また証明書類の発行には現地確認が必要とされる場合があるため，その開催日時をあらかじめ確認しておくとともに書類の提出期限までに時間の余裕をもって手続を進める必要がある。

の相続税申告書が提出されたときは，納税猶予の特例の適用があるものとして取り扱われる。

配偶者について納税猶予の特例を適用した場合，配偶者が取得した農地の価額は農業投資価額を適用することができるため，納税猶予額の総額が増加し，他の農業相続人である子の税負担が減少するメリットがある。

2 農地に係る贈与税の納税猶予制度

(1) 贈与税の納税猶予制度の概要

農業を営んでいる者が，農業の用に供している農地等を，後継者である推定相続人の１人に贈与した場合には，その受贈者が贈与を受けた農地等で農業を営んでいる限りにおいて，受贈者に課税される贈与税は，贈与者又は受贈者の死亡の日まで納税が猶予され，その死亡の日に贈与税は免除される（租特70条の４第１項）。

(2) 納税猶予の適用要件

農地等に係る贈与税の納税猶予の適用を受けるための要件は次のとおりである（租特令40条の６）。

① 贈与者の要件

贈与の日まで引き続き３年以上農業を営んでいた個人であること（相続時精算課税の適用を受ける農地等の贈与をしている場合を除く。）

② 受贈者の要件

ア 贈与者の推定相続人であること

イ 次の要件全てに該当することを農業委員会が証明した個人であること

(ア) 贈与を受けた日において年齢が18歳以上であること

(イ) 贈与を受けた日まで引き続き３年以上農業に従事していたこと

(ウ) 贈与を受けた後，速やかにその農地等によって農業経営を行うこと

(エ) 農業委員会の証明時に認定農業者等であること

③ 猶予の対象となる農地等の要件

贈与者が農業の用に供している農地の全部，採草放牧地の３分の２以上及び準農地の３分の２以上を一括して贈与を受けること

(3) **猶予税額の免除**

贈与者又は受贈者が死亡した場合，納税が猶予されていた贈与税は免除される（租特70条の4第34項）。

なお，贈与者の死亡により贈与税額の免除を受けた場合は，その贈与された農地等は相続により取得したものとみなされ，相続税の課税対象になる。この場合に，相続税の納税猶予の適用要件を満たしていれば納税猶予の適用を受けることができる。

(4) **納税猶予期限の確定**

次のいずれかに該当することとなった場合には，その農地等に係る猶予税額の全額を納付しなければならない（租特70条の4第35項）。

① 納税猶予の対象となった農地等の20パーセント超（面積）について，譲渡，貸付け，転用，耕作放棄があった場合
② 納税猶予の対象となった農地等について，農業経営を廃止した場合
③ 受贈者が贈与者の推定相続人に該当しないこととなった場合
④ 継続届出書の提出がなかった場合

なお，収用交換等による譲渡等をした場合，納税猶予の対象となった農地等の20パーセント以下について譲渡等があった場合等は，その猶予税額の一部（譲渡等部分に対応する額）を納付しなければならない。

上記により納付する贈与税額については，贈与税の申告期限の翌日から納税猶予期限までの期間に応じた利子税を併せて納付しなければならない。

(5) **納税猶予の適用を受けるための手続**

贈与税の納税猶予の適用を受けるための手続等は次のとおりである。

① 贈与税の申告手続

贈与税の申告書に所定の事項を記載し期限内に提出するとともに，農地等納税猶予税額及び利子税の額に見合う担保を提供することが必要である。また申告書には一定の書類を添付する必要がある。そのうち主なものは次のとおりである。

ア　農地等の贈与者及び受贈者がこの特例の適用を受ける要件に該当している旨の農業委員会の証明書

イ 受贈者が贈与者の推定相続人であることを証する書類（戸籍の抄本等）
ウ 担保提供書及び担保提供関係書類
エ 贈与の事実を証する書類（贈与契約書等）

② 納税猶予期間中の継続届出

納税猶予期間中は贈与税の申告期限の翌日から3年目ごとに，引き続いてこの特例の適用を受ける旨及び特例農地等に係る農業経営に関する事項等を記載した「継続届出書」を提出することが必要である。その内容は相続税の納税猶予の継続届出書と同一である。

(6) 贈与税の免除手続

贈与者の死亡又は納税猶予の適用を受けていた者の死亡によって，猶予されていた贈与税の免除を受けるためには，その事由の発生後遅滞なく「贈与税の免除届出書」を所轄の税務署長に提出する必要がある。

3 農地等の貸付けと納税猶予

農地等に係る相続税・贈与税の納税猶予制度は，農業経営を継続することを税制面から支える制度であるため，原則として自ら農業を営む相続人・受贈者が納税猶予の対象となる。したがって，農地等の貸付けを行った場合は，農業経営を廃止したものとして納税猶予の打切りの事由となり，猶予税額の納付を求められる（本節1(4)①，2(4)①参照）。

ただし，①特定貸付け，②営農困難時貸付及び都市農地貸付けの特例が設けられており，これらの要件を満たした貸付けについては納税猶予の打切り事由とはしないこととなっている。

なお，「都市農地貸付け」については生産緑地の項目に記載しているので，当該箇所を参照されたい。

(1) 特定貸付け

納税猶予の適用を受ける者が，その適用を受ける農地等について次に掲げる事業による貸付けを行った場合には，特定貸付けを行った旨等を記載した届出書の提出を条件として，納税猶予が継続される。この特定貸付けの対象となるのは，市街化区域外の農地に限られる（租特70条の4

の2・70条の6の2)。
① 農地中間管理事業
② 利用権設定等促進事業（農用地利用集積等促進計画）

なお，贈与税の納税猶予においては，農地中間管理事業以外の事業による貸付けの場合，申告書の提出期限から貸付けまでの期間が10年以上（貸付時の年齢が65歳未満の場合は20年以上）である受贈者であることが必要である（農地中間管理事業については期間の制限はなく，いつでも貸付可能である。）。

(2) **営農困難時貸付**

納税猶予の適用を受ける者が，障害等により農業経営が困難となった場合に，その適用を受ける農地等について貸付けを行い，営農困難時貸付を行った旨等を記載した届出書の提出を条件として，納税猶予が継続される（租特70条の4第22項・70条の6第28項）。

営農困難時貸付の事由となる障害等の基準は次のとおりである。
① 精神障害者保健福祉手帳（障害等級が1級のもの）の交付
② 身体障害者手帳（身体上の障害の程度が1級又は2級のもの）の交付
③ 介護保険制度の被保険者証（要介護状態区分が5）の交付
④ 障害等により農業に従事することができなくなった故障として市町村長等の認定を受けている場合

営農困難時貸付の要件は，以下のいずれかに該当する場合である。
① 特定貸付けができない市街化区域内等に対象農地等が所在する場合
② 貸付申込み後1年経過しても特定貸付けができなかった場合
③ 贈与税の納税猶予適用者の行う利用権設定等促進事業による貸付けであって，申告書の提出期限から貸付けまでの期間が10年（貸付時の年齢が65歳未満の場合は20年）に満たない場合

なお，この営農困難時貸付けは，納税猶予の適用を受けている全ての農地等が対象となる。

(3) **貸付けに係る手続**

特定貸付け又は営農困難時貸付けを行った場合は，その貸付けを開始した日から2か月以内に，貸付けを行っている旨の届出書を納税地の所

轄税務署長に提出することが必要である。

それぞれの届出書には下記の書類を添付する必要がある。
① 特定貸付けに関する届出書

　　貸付けを行った事業の区分に応じて，そのことを証する次の書類
　ア　農地中間管理事業による貸付けの場合
　　(ｱ)　農地中間管理機構の書類（農地中間管理事業のために行われた貸付けである旨を証するもの）
　　(ｲ)　農業委員会の書類（貸付けに関する農地法3条1項の届出の受理を証するもの）
　イ　農用地利用集積等促進計画の定めによる貸付けの場合
　　　その農地等に係る農用地利用集積等促進計画につき農業経営基盤強化促進法の規定による公告をした旨を証する市町村長の書類
② 営農困難時貸付けに関する届出書
　ア　特例農地等について自己の農業の用に供することが困難となった事由に応じて，その事由を証する次の書類
　　(ｱ)　精神障害者保健福祉手帳の写し等
　　(ｲ)　身体障害者手帳の写し等
　　(ｳ)　介護保険の被保険者証の写し等
　　(ｴ)　市町村長の認定を受けていることを証する市町村長の書類等
　イ　貸付けを行った事業の区分に応じて，そのことを証する次の書類
　　(ｱ)　農地中間管理事業による貸付けの場合──上記①アと同一である。
　　(ｲ)　農用地利用集積計画の定めによる貸付けの場合──前記①イと同一である。
　　(ｳ)　上記(ｱ)(ｲ)以外の貸付け
　　　(ⅰ)　その貸付けに係る契約書の写し
　　　(ⅱ)　その貸付けを行った者が農地法3条に規定する許可を得たことを証する農業委員会の書類
　　　(ⅲ)　届出に係る農地等が，農地中間管理機構が実施する農地中間管理事業の実施地域又は利用権設定等促進事業を行っている市

町村の区域のいずれにも存在しない場合，その旨を証する市町村長の書類

(iv)　届出に係る農地等が，農地中間管理機構が実施する農地中間管理事業の実施地域に存在する場合，その事業のための貸付申込みを受けた日以後1年を経過する日まで，届出者から引き続き貸付けの申込みを受けていたことを証する農地中間管理機構の書類

(v)　届出に係る農地等が，利用権設定等促進事業を行っている市町村の区域に存在する場合，農用地利用集積等促進計画に定めに基づいて行われる貸付申込みを受けた日以後1年を経過する日まで，届出者から引き続き貸付けの申込みを受けていたことを証する市町村長の書類

③　納税猶予期間中の継続届出

先に述べたとおり，農地等について相続税又は贈与税の納税猶予の適用を受けている者は，その税の申告期限の翌日から3年を経過する日ごとに，引き続きこの特例の適用を受ける旨の「継続届出書」を提出することが必要である。その農地等について特定貸付け又は営農困難時貸付けを行っている場合は，前記の継続届出書等に加えて次の書類を添付することが必要となる。

ア　特定貸付けを行っている場合
　(ア)　特例農地等に係る特定貸付けに関する明細書
　(イ)　特例農地等に係る特定貸付けを引き続き行っている旨の農業委員会の証明書

イ　営農困難時貸付けを行っている場合
　(ア)　特例農地等に係る営農困難時貸付けに関する明細書
　(イ)　特例農地等に係る営農困難時貸付けを引き続き行っている旨の農業委員会の証明書

(4)　特例農地等の貸付けと納税猶予期限

所在区域別の猶予税額の免除要件と農地の貸付けの可否は，次のとおりである。

第4節　農地の相続税・贈与税の納税猶予

都市計画区分	地理的区分	営農継続要件等
a．市街化区域	三大都市圏の特定市※	納税猶予の適用はない
	三大都市圏の特定市以外	営農20年　　貸付け―
	地方圏	
b．市街化区域以外	―	営農生涯　　特定貸付け

※　生産緑地を除く。なお生産緑地については本編第4章第2節で解説しているので，当該箇所を参照されたい。

第2章 農地の保有・利用に対して課される税

第1節 固定資産税・都市計画税の概要

1 固定資産税の仕組み

　固定資産税は，固定資産の保有者に対して，市町村が提供する行政サービスとの間に存在する受益関係に着目して，資産価値に応じて課される市町村税である。ただし，東京都23区内は東京都が課税主体となる。

　課税客体となる固定資産は，土地，家屋及び償却資産である。ここで償却資産とは，土地・家屋以外の事業用資産であって，法人税法又は所得税法上その減価償却費が経費に計上できる資産をいう。ただし，自動車税又は軽自動車税の課される車両は対象から除かれる（地税342条）。

　納税義務者となるのは，土地，家屋及び償却資産の所有者である。土地，家屋は賦課期日における登記簿上の所有者を，償却資産は申告のあった所有者等を固定資産課税台帳に登録して課税する。なお，賦課期日は各年の1月1日である（地税343条・359条）。

　課税標準は価格（適正な時価）とされ，土地及び家屋は3年ごとに評価替えが行われる。直近では令和6年がこの評価替えの年（基準年度）であった。また，償却資産は取得価額から取得後の経過年数等に応じた減価分を控除した額が評価額となる（地税349条・349条の2）。

　税率は標準税率が1.4パーセントであり，免税点は土地30万円，家屋20万円，償却資産150万円である（地税350条・351条）。

　固定資産の評価額は，総務大臣が定めた「固定資産評価基準」に従って市町村長が決定することとされているが，土地は宅地・農地等の地目別に売買実例価額等を基礎として評価額が算定され，宅地については平成6年度評価替えからは地価公示価格等の7割を目途に評価されることになっている。

　固定資産税は価格を基に税額を算出することが原則であるが，土地に関

しては住宅用地の特例として価格に6分の1又は3分の1を乗じた額を課税標準とする措置が設けられているほか，評価替えによる税負担の急激な増加を抑制するために，負担調整措置を適用して評価額よりも低い課税標準額で税額を算出することが行われてきた（地税349条の3の2）。平成9年度の評価替え以降は，地域等でばらつきのある負担水準[6]を，課税の公平の観点から均衡化させるための新たな調整措置が講じられ，負担水準の高い土地は税負担を引下げ又は据置き，負担水準の低い土地はなだらかに税負担を上昇させることで負担水準のばらつきの幅を狭めていく仕組みがとられている。

負担水準と課税標準額との関連は次のとおりである（地税附則18条）。

(1) **住宅用地の場合**
　○負担水準が100％以上　→　本則課税標準額（価格×1/6等）
　○負担水準が100％未満　→　徐々に引上げ

(2) **商業地等の場合**
　○負担水準が70％超　→　課税標準額の法定上限(価格の70％)まで引下げ
　○負担水準が60％以上70％以下　→　前年度課税標準額に据置き
　○負担水準が60％未満　→　徐々に引上げ

2　都市計画税の仕組み

都市計画税は，都市整備等の費用に充てるための目的税であり，原則として都市計画法による市街化区域内に所在する土地・家屋の所有者として，毎年1月1日現在固定資産課税台帳に登録されている者に課税される。固定資産税と同様に市町村（東京都23区内では東京都）が課税主体である（地税702条・702条の6）。

課税の対象となる土地と家屋は，固定資産税の対象と同一であり，固定資産課税台帳の価格を基に税額が算定される。税率は上限0.3パーセント

[6) 負担水準とは，次の算式により求められる比率であり，その土地の前年度課税標準額が今年度の評価額に対してどの程度に達しているかを示すものである（地税附則17条）。

$$負担水準 = \frac{前年度課税標準額}{今年度の評価額（住宅用地の特例等を適用した額）}$$

である（地税702条の4）。なお，免税点は固定資産税におけるものと同額である。住宅用地に対しては価格に乗じる割合を3分の1又は3分の2として課税標準額の特例措置が講じられている（地税702条の3）。また，負担調整措置は固定資産税と同一の内容となっている。

3 農地の固定資産税

(1) 一般農地

農地に対して課せられる固定資産税も，他の種類の土地と同様に価格に基づく課税標準に税率（1.4パーセント）を乗じて算定されるが，一般農地である田及び畑の評価額は，売買の行われた田又は畑の売買実例価額から，正常と認められない条件を修正して求めた「正常売買価格」に55パーセントを乗じた価格（標準田又は標準畑の適正な時価）に基づいて算定することとなっている（固定資産評価基準第1章第2節三4）。[7]

税額は次のⒶ・Ⓑのいずれか低い額に税率を乗じて算定される（地税附則19条）。

> Ⓐ 当該年度の農地評価額
> Ⓑ 前年度の課税標準額（農地評価ベース）×負担調整率

農地に係る負担調整率は，負担水準に応じて次の図のとおりとなっている。

〈農地に係る負担調整率〉

負担水準	負担調整率
0.9以上のもの	1.025
0.8以上0.9未満のもの	1.05
0.7以上0.8未満のもの	1.075
0.7未満のもの	1.1

---

[7] ただし，平成29年度以降，遊休農地については売買価格に55パーセントを乗じないで評価額を算定することで課税強化が行われている（固定資産評価基準第1章第2節の3）。

(2) 市街化区域農地

　市街化区域農地（生産緑地内の農地を除く。）は宅地等への転用を行う場合には農業委員会への届出のみで可能となるところから，その評価方法は「宅地並み評価」によることとされ，その農地と状況が類似する宅地の価額に基づいて求めた価額から，その農地を宅地に転用する場合において通常必要と認められる造成費を控除した価額によって求められる（地税附則19条の2，固定資産評価基準第1章第2節の2）。

① 一般市街化区域農地

　一般市街化区域農地に係る税額は次のⒶ・Ⓑのいずれか低い額に税率を乗じて算定される（地税附則29条の7）。

　Ⓐ　当該年度の宅地並み評価額×1/3
　Ⓑ　前年度の課税標準額（宅地並み評価）×負担調整率
　負担調整率は農地に係る負担調整率が用いられる。

② 特定市街化区域農地

　特定市街化区域農地に係る税額は次のⒶ・Ⓑのいずれか低い額に税率を乗じて算定される（地税附則19条の3・19条の4）。

　Ⓐ　当該年度の宅地並み評価額×1/3×軽減率[8]
　Ⓑ　前年度の課税標準額（宅地並み評価）＋（当該年度の宅地並み評価額×1/3×5％）

　なお，Ⓑの額がⒶの20パーセント未満となるときはⒶ×0.2とする。

4　縦覧制度と審査制度

　固定資産税は，市町村が土地及び家屋の価格を決定して課税・徴収を行うことになっているため，償却資産を除いて，原則として納税者が申告等

[8) 都市計画の変更によって特定市街化区域に編入された農地等に対しては，次の軽減率が適用される。すなわち，5年間で徐々に評価額を宅地並みに引き上げていく経過措置がとられている（地税附則19条の3）。

〈特定市街化区域に編入された農地等に関する軽減率〉

年　度	初年度目	2年度目	3年度目	4年度目
軽減率	0.2	0.4	0.6	0.8

の手続を行う必要はない。

しかし，納税者の権利を保護する仕組みとして，土地価格等縦覧帳簿及び家屋価格等縦覧帳簿の縦覧制度と不服審査の申出制度が設けられている。

(1) **縦覧制度**

市町村長は，毎年3月31日までに所定の事項[9]を記載した土地価格等縦覧帳簿及び家屋価格等縦覧帳簿を作成して，4月1日から4月20日（又は当該年度の最初の納期限のいずれか遅い日）までの間，その帳簿をその市町村内に所在する土地又は家屋に対する固定資産税の納税者の縦覧に供さなければならない（地税415条・416条）。

また，市町村長は，納税者等の求めに応じて，固定資産課税台帳のうち請求者に関する固定資産について記載されている部分を閲覧に供し，又は一定の事項を証明しなければならない。さらに，固定資産の価格を決定した場合は遅滞なく，地域ごとの宅地の標準的な価格（路線価及び標準宅地）を記載した書面を一般の閲覧に供さなければならない（地税382条の2・382条の3）。

(2) **不服審査制度**

納税者は，その固定資産について固定資産課税台帳に登録された価格に不服がある場合は，台帳登録の公示の日から納税通知書の交付後3か月までの期間に，固定資産評価審査委員会へ文書によって審査の申出をすることができる。審査委員会は，書面審理及び意見陳述等を経て，申出を受けた日から30日以内に審査の決定を行わなければならない。この決定に不服のある場合は，6か月以内に納税者は行政事件訴訟法に基づく決定処分の取消訴訟を提起することができる（地税432条～434条）。

土地評価に関連した税額修正の主な原因としては，単純な入力誤り等のほか，路線価の付設誤り，市街化区域範囲の誤り，地目の誤り等が挙げられている。また，価格の決定においては，諸種の減価要因（セットバック，建築制限等）が反映されていない場合もあるとの指摘もなされている。過大な固定資産税の負担を防ぐためには，縦覧や審査申出制度を

---

[9] 土地価格等縦覧帳簿に記載すべき事項は，その土地の所在，地番，地目，地積及び価格である。

第2節　所得税・住民税の概要

1　所得税の仕組み

　所得税は，個人がその年の1月1日から12月31日までの1年間に得た所得に対して課される国税である。所得税法では個人の所得を，不動産所得，事業所得，給与所得等の10種類に分類した上で，各所得の性質等に応じて，それぞれの収入や必要経費の範囲その他の所得の計算方法を定めている（所得税23条～35条）。

　所得税の課税所得の額は，1年間の全ての所得金額から所得控除の額を差し引いて算定される。所得控除には，雑損控除，医療費控除等15項目があり，納税者の個人的事情を加味して税負担を調整するものとなっている（所得税72条～87条）。

　所得税額は，課税所得金額に所得税の税率を適用することで計算される。所得税の税率は，5パーセントから45パーセントの7段階に区分され，所得が多くなるに従って高くなる「累進税率」となっている（所得税89条）。

　なお，令和19年までは，その年分の基準所得税額（所得税額から配当控除等の所得税額から差し引かれる金額を控除した残額）に2.1パーセントを乗じて計算される復興特別所得税を，所得税と併せて申告・納付することとなっている。

　こうして計算された所得税等の額が，外国税額控除，源泉徴収税額及び予納税額を超える場合，すなわち還付申告とならない場合は，その年の翌年2月16日から3月15日までの間に，所轄税務署に対して確定申告書を提出しなければならない。

2　住民税の仕組み

　個人に課せられる都道府県民税と市区町村民税は合わせて，「個人住民税」と呼ばれる。

個人住民税には，前年の所得金額に応じて課税される所得割，定額で課税される均等割，預貯金の利子等に課税される利子割，上場株式の配当等に課税される配当割及び源泉徴収選択口座内の株式等の譲渡益に課税される株式等譲渡所得割がある（地税23条・292条）。

このうち所得割と均等割については1月1日現在の住所地の市区町村が，納税者の前年度の所得税確定申告書に基づいて計算し，都道府県民税と市区町村民税を併せて徴収する。したがって，原則として納税者が自分で住民税額を計算して申告する必要はない（地税41条・315条）。

所得割は前年の総所得金額から所得控除額を控除した残額に税率を乗じて計算されるが，所得控除の額は，所得税における控除と金額が異なるものもある。なお，税率は都道府県民税4パーセント，市区町村民税6パーセント，合計10パーセントであるが，自治体により異なる場合もある（地税35条・314条の3）。

3 農業所得に対する所得税

農地において農業を営むことから生じる所得は事業所得に分類され，上述のとおり所得税が課税される。ただし，農地を貸し付けることから生じる所得は，不動産所得となる。また，営んでいる事業は農業のみであっても，所有している農地について電柱敷地料や線下補償金等の収入がある場合は，それらの収入は不動産所得に該当する。

事業所得の額は原則として，「総収入金額－必要経費」として算定される。農業における収入金額は，他の事業と異なり，収穫基準と呼ばれる考え方がとられており，販売（引渡し）時ではなく，収穫時にその価額をもって計上することとされている（所得税41条）。ただし，米・麦等の穀物その他政令で定める農作物以外で数量が僅かなものについては，販売時に収入金額に計上することが認められている。

農産物に係る収入金額は，次の算式により計算される。

> 収入金額＝販売金額＋期末の農産物棚卸高－期首の農産物棚卸高

棚卸高は，その農産物の収穫時の生産者販売価額によって計算される（所得税基本通達41-1）。

なお，家事消費及び事業消費額（雇人の賄いに使用した場合など）についても総収入金額に含める必要がある。

また農作物に係る受取共済金や出荷奨励金，野菜等の価格差補填金，農業協同組合等から支払われる事業分量分配金等も農業に係る雑収入として事業収入に含まれる（所得税法施行令94条1項1号・2号）。

必要経費に算入できるのは，種苗，肥料，飼料，農薬，その他諸材料の購入費用や事業用建物・農機具・車両等の減価償却費，雇人費その他農業収入を得るため必要な費用である。また，事業用資産に係る固定資産税，登録免許税，不動産取得税等の租税公課も必要経費として認められるが，所得税，相続税，住民税や延滞税，加算税，罰課金等は必要経費に含めることはできない（所得税45条1項2～7号）。

衣料や食事等に係る家事上の費用，住宅兼用建物の住宅部分に対応する賃借料・固定資産税・修繕費等や水道光熱費に含まれている家事分の費用は必要経費とすることができない。事業・家事共通に発生する家事関連費は，農業の用に供していることが明確に区分できる金額に限って必要経費とすることができる（所得税45条1項1号，同施行令96条1号）。自宅兼作業場や事業・家事共用の車両に係る減価償却費や固定資産税・自動車税といった費用は，それぞれの使用面積や使用距離の比等を基準として必要経費と家事費用部分に配分することになると考えられる。

4 青色申告

一定水準の会計帳簿等を記録し，それに基づいて正しい申告をする者に対しては，所得金額の計算などについて有利な取扱いが受けられる青色申告の制度が設けられている。

青色申告をすることができるのは，不動産所得，事業所得，山林所得のある者に限られる（所得税143条）。

青色申告の主な特典は，次のとおりである。

① 青色申告特別控除

不動産所得または事業所得を生ずべき事業を営んでいる青色申告者で，これらの所得に係る取引を正規の簿記の原則，（一般的には複式簿記）により記帳し，その記帳に基づいて作成した貸借対照表および損益計算書を確定申告書に添付して法定申告期限内に提出している場合には，原則としてこれらの所得を通じて最高55万円[10]を控除することができる（租特25条の2第3項）。

② 青色事業専従者給与

青色申告者と生計を一にしている配偶者・その他親族（15歳以上に限る）で，その青色申告者の事業に専ら従事している者に支払った給与は，届出書に記載された金額の範囲内で専従者の労務の対価として適正な金額であれば，必要経費に算入することができる（所得税57条1項）。

③ 純損失の繰越しと繰戻し

青色申告をしていた年分の事業所得等に損失（赤字）が生じ，損益通算の規定を適用してもなお控除しきれない部分の金額（純損失）があるときには，その損失額を翌年以後3年間にわたって繰り越して，各年分の所得金額から控除できる。（所得税70条1項）また，前年も青色申告をしている場合は，純損失の繰越しに代えて，その損失額を生じた年の前年に繰り戻して，前年分の所得税の還付を受けることもできる（所得税140条）。

④ 更正の制限

青色申告者は，帳簿調査に基づかない推計課税による更正を受けることはない。また，更正を受ける場合は，更正通知書にその更正の理由が付記される。（所得税155条1項・2項）

青色申告の承認申請手続は次のとおりである。

新たに青色申告の承認を受けようとする者は，その年の3月15日までに「青色申告承認申請書」を納税地の所轄税務署長に提出しなければならな

---

[10] 上記の要件を満たす青色申告者が，e-Taxによる申告又はその年分の事業に係る主要帳簿について優良な電子帳簿の要件を満たしかつ所定の届出書の提出を行っている場合は最高65万円，（同条4項）正規の簿記による記帳の要件を満たしていない青色申告者については最高10万円が特別控除額となる（同条1項）。

い。ただし，その年の1月16日以後に新規に業務を開始した場合は，その開始の日から2か月以内にその手続を行うこととなる（所得税144条）。

第3節　事業税の概要

個人事業税は，その都道府県において法定業種（地方税法等に定められた事業）の事業を行っている個人に対して課せられる地方税である（地税72条の2第3項）。

個人で事業を営んでいる者は，毎年3月15日までに前年中の事業の所得などを都道府県税事務所に申告することになっているが，所得税の確定申告（又は住民税の申告）を行った場合は，それぞれの申告書の「事業税に関する事項」欄に必要事項を記入すれば，個人の事業税の申告をする必要はない（地税72条の49の11・72条の50）。

課税標準額は「所得金額－事業主控除（年290万円）」である（地税72条の49の14）。

法定業種と税率は下の表のとおりである（地税72条の2第8項・72条の49の17）。

〈業種別事業税の税率表〉

区　分	税率	事業の種類
第1種事業	5％	製造業，飲食店業，不動産賃貸業，その他43業種
第2種事業	4％	畜産業，水産業，薪炭製造業
第3種事業	5％	医業，弁護士業，コンサルタント業など
	3％	あん摩・針灸等の業，装蹄師業

自治体によって，上記の税率（標準税率）を超える率を定めている場合がある。

なお，農業所得に対しては，事業税は課税されない。

第4節　消費税

1　消費税の概要

　国内において事業者が行った資産の譲渡等（事業として対価を得て行う資産の譲渡，資産の貸付けおよび役務の提供）に対しては消費税が課税される（消費税4条1項，2条1項8号）。国税である消費税が課税される取引には，併せて地方消費税も課税される（地税72条の77，72条の78）。税率は，標準税率10％（うち2.2％は地方消費税），軽減税率8％（うち1.76％は地方消費税）である（消費税29条，地税72条の83）。

　なお，消費に負担を求めるという消費税の性格から見て，課税の対象になじまないもの（土地の譲渡・貸付け，貸付金の利子等）や社会政策上の配慮から課税することが適当でない取引（介護・福祉サービス，住宅の貸付け等）は，消費税を課税しない非課税取引とされている（消費税6条）。

　消費税は，事業者が販売する商品等の価格に含まれて，次々と転嫁され，最終的に商品を消費しまたはサービスの提供を受ける消費者が負担することとなるが，生産，流通の各段階で二重，三重に税が課されることを避けるため，課税売上げに係る消費税額から課税仕入れ等に係る消費税額を控除し，税が累積しないしくみをとっており，これを「仕入税額控除」という（消費税30条1項）。

　令和5年10月1日から開始した「適格請求書等保存方式（インボイス制度）」では，この仕入税額控除の適用を受けるためには，原則としてインボイス発行事業者から交付を受けたインボイスと一定の事項を記載した帳簿の保存が必要とされている（消費税30条7〜9項）。

　消費税の納税義務者は，製造，卸，小売，サービスなどの各段階の事業者と，保税地域からの外国貨物の引取者である（消費税5条）。

　課税事業者は，納税地の所轄税務署長に原則として，課税期間の末日の翌日から2か月以内（個人事業者の場合は翌年の3月31日まで）に消費税および地方消費税の確定申告書を提出し，消費税額と地方消費税額とを併せて納付しなければならない（消費税45条，49条）。

2 納税事務の負担軽減措置

事業者の納税事務の負担等を軽減するために，次のような措置が講じられている。

① 事業者免税点制度

基準期間および特定期間の課税売上高が1,000万円以下の事業者（インボイス発行事業者の登録を受けている事業者を除く）は，免税事業者となる[11]（消費税9条，9条の2第1項）。

② 簡易課税制度

基準期間の課税売上高が5,000万円以下の事業者は，課税売上高から納付する消費税額を計算する簡易課税制度が選択でき，この適用を受ける場合には，課税仕入に係る消費税額の計算が不要となる（インボイスの保存も不要となる）（消費税37条）。

③ 2割特例（経過措置）

免税事業者がインボイス制度を機に課税事業者（インボイス発行事業者）となった場合に，令和5年10月1日から令和8年9月30日までの日の属する課税期間において，納付する消費税額を売上に係る消費税額の2割とすることができる経過措置が設けられている（消費税法改正附則51条の2）。

3 農業経営と消費税

基準期間における課税売上高が1,000万円を超える農業事業者は，消費税の課税事業者となる。課税事業者である農業者にとって，留意すべき事項として次のものが考えられる。

① 課税売上等の範囲と適用税率

主な課税売上として農畜産物の販売収入があるが，それ以外に家事消費も課税売上となる。これらは軽減税率（8％）の対象となる飲食

11）基準期間とは，個人事業者はその年の前々年，法人はその事業年度の前々事業年度をいい，（消費税2条1項14号）特定期間とは，個人事業者の場合は，その年の前年の1月1日から6月30日までの期間，法人の場合は，原則として，その事業年度の前事業年度開始の日以後6か月の期間をいう（消費税9条の2第4項）。

料品に該当するものが多いと考えられる。また，出荷奨励金，事業用資産（中古農業機械等）の売却収入，家賃（居住用を除く）や駐車場賃貸料等の不動産収入があれば，これらも課税売上げになるが，これらは標準税率（10％）の対象となる。

一方で，必要経費のほとんどには標準税率が適用されると考えられる。

消費税を正しく申告・納税するためには，日々の取引について課税取引となるものとならないもの，軽減税率が適用されるものと標準税率となるものを明確に区分して記帳しておく必要がある。

② インボイス交付義務が免除される場合

課税事業者となった農業者であっても，次のアイに該当する場合には，インボイスの交付を免除される特例が設けられている。これら特例を利用することで，事務負担の軽減が期待できる。

ア　農協特例

生産者が農業協同組合等に委託して行う農林水産物の譲渡については，無条件委託方式（出荷した農林水産物について，売値，出荷時期，出荷先等の条件を付けずに，その販売を委託すること）かつ共同計算方式（一定の期間における農林水産物の譲渡に係る対価の額をその農林水産物の種類，品質，等級その他の区分ごとに平均した価格をもって算出した金額を基礎として精算すること）により生産者を特定せずに行うものに限り，インボイスの交付義務が免除される（消費税57条の4第1項，同施行令70条の9第2項2号）。

イ　媒介者交付特例

媒介又は取次ぎに係る業務を行う者（媒介者等）を介して行う課税資産の譲渡等について，委託者及び媒介者等の双方がインボイス発行事業者である場合には，一定の要件の下，媒介者等が，自己の氏名又は名称及び登録番号を記載したインボイスを委託者に代わって交付することができる（消費税法施行令70条の12）。

③ 簡易課税制度と農業

簡易課税制度においては，農林漁業のうち飲食料品の譲渡に係る事

業は第2種事業として80％のみなし仕入率が，それ以外の農林漁業は第3種事業として70％のみなし仕入率が適用される。前記2の②に述べたとおり，この制度利用によって課税売上高のみから消費税の納税額が計算可能となり，インボイスの保存及び課税仕入に係る消費税額の計算が不要となり，事務負担が軽減される。

第3章 農地の譲渡に対して課される税

第1節 譲渡所得税の概要

1 譲渡所得税の仕組み

　土地等を譲渡したときは，通常の所得に対する課税（総合課税）と切り離して税金を計算する（分離課税）。

　土地等の譲渡所得は，その土地等の所有期間により長期譲渡所得と短期譲渡所得に区分して，所得金額及び税額の計算を行う。

　長期譲渡所得とは，譲渡した年の1月1日において所有期間が5年を超えるものをいう。また短期譲渡所得とは，譲渡した年の1月1日において所有期間が5年以下のものをいう（租特31条・32条）。

　所有期間とは，土地等の取得の日から引き続き所有していた期間をいい，相続や贈与により取得したものは，原則として被相続人や贈与者の取得した日から計算することとされている。

2 譲渡所得の計算方法

　譲渡所得の金額は次のように計算される（所得税33条）。

> 収入金額−（取得費＋譲渡費用）−特別控除額＝課税譲渡所得金額

(1) **収入金額**

　収入金額は，通常は土地等を売却したことにより買主から受け取る金銭の額であるが，金銭以外の物や権利を受け取ったり経済的利益を得た場合などは，その物や権利，経済的利益の時価が収入金額となる。

　なお，譲渡時から年末までの期間に対応する固定資産税及び都市計画税に相当する額の支払いを受けた場合は，その額も収入金額に算入される。

(2) 取得費

　取得費とは，売却した土地等を買い入れたときの購入代金や購入手数料等の資産の取得に要した金額に，その後支出した改良費，設備費を加えた合計額をいう。長期譲渡所得について譲渡資産の取得費が分からないときや，実際の取得費が譲渡価額の5パーセントよりも少ない場合は，譲渡価額の5パーセントを取得費とすることができる（租特31条の4）。

(3) 譲渡費用

　譲渡費用とは，土地等を売却するために支出した費用をいい，仲介手数料，測量費，売買契約書の印紙代，売却に際して借地・借家人に支払った立退料等が含まれる。

(4) 特別控除額

　土地等を譲渡した場合の特別控除額には次の表のようなものがあり，その適用には一定の要件を満たす必要がある（租特33条の4・34条〜35条の3）。

〈譲渡所得の特別控除額〉

区　　分	特別控除額
収用等により土地等を譲渡した場合	5,000万円
居住用財産を譲渡した場合	3,000万円
相続により取得した空き家を譲渡した場合	3,000万円
特定土地区画整理事業等のために土地等を譲渡した場合	2,000万円
特定住宅地造成事業等のために土地等を譲渡した場合	1,500万円
平成21年及び22年に取得した土地等を譲渡した場合	1,000万円
農地保有の合理化などのために農地等を譲渡した場合	800万円
低未利用土地等を譲渡した場合	100万円

3 税額の計算

　譲渡所得に対する所得税額は，長期譲渡又は短期譲渡に区分して，次の

とおり計算される（租特31条・32条）。[12]

① 長期譲渡所得：課税長期譲渡所得金額×15％
② 短期譲渡所得：課税短期譲渡所得金額×30％

なお，令和19年までは，復興特別所得税として各年分の基準所得税額の2.1パーセントを，所得税と併せて申告・納付することになっている。

4 相続税額取得費加算の特例

相続又は遺贈によって取得した土地，建物，株式などを，一定期間内に譲渡した場合，相続税額のうち一定額を，その財産に係る譲渡所得の計算上，取得費に加算することができる（租特39条）。

この特例の適用要件は次のとおりである。

① この特例の対象者は相続又は遺贈により財産を取得した者であること
② その財産を取得した者に相続税が課税されていること
③ その財産を，相続開始のあった日の翌日から相続税の申告期限の翌日以後3年を経過する日までに譲渡していること

取得費に加算できる相続税額は，次の算式により計算した額となる。

$$\text{その者の相続税額} \times \frac{[その者の相続税の課税価格の計算の基礎とされたその譲渡した財産の相続税評価額]}{[その者の取得財産の価額] + [その者の相続時精算課税適用財産の価額] + [その者の純資産価額に加算される暦年課税分の贈与財産の価額]}$$

$$= \text{取得費に加算する相続税額}$$

ただし，この額がこの特例を適用しないで計算した譲渡益の金額を超える場合は，その譲渡益相当額となる。

代償分割により代償金を支払って財産を取得した場合は，上記算式の分子は次の算式で算定した金額になる。

---

[12] これに加えて，翌年度に住民税が長期譲渡所得に対しては5パーセント，短期譲渡所得には9パーセント課税・徴収される（地税附則34条・35条）。

$$\text{譲渡した相続財産の相続税評価額} - \text{支払代償金} \times \frac{\text{譲渡した相続財産の相続税評価額}}{\text{相続税の課税価格} + \text{支払代償金}}$$

5 譲渡所得及び税額の計算例

上述の譲渡所得金額及び税額の計算方法を設例によって示せば下の表のとおりである。

〈前提条件〉

2年前に父から相続によって取得した農地500㎡が，市の地方住宅供給公社が行う土地区画整理事業のために買い取られた。
譲渡価額：5,000万円
取得価額：不明（なお，父は5年以上この土地を保有していた。）
譲渡費用：150万円
相続税額：900万円
相続により取得した財産の合計価額：6,000万円
譲渡した農地の相続税評価額：4,000万円

〈譲渡所得税額の計算〉 (万円)

項　目	計算式	金　額	
収入金額			5,000
概算取得費	5,000（収入金額）×5％＝250	250	
相続税の取得費加算額	900（相続税額）×4,000（譲渡財産の評価額）／6,000（取得した財産の評価額）＝600	600	
取得費合計	250＋600		850
譲渡費用			150
特別控除額	特定土地区画整理事業等に係る特別控除額		2,000
譲渡所得金額	5,000－(850＋150)－2,000		2,000
所得税額	2,000×15％（長期譲渡所得に係る税率）		300

第4章 生産緑地に関する税務上の取扱い

第1節 生産緑地の相続財産評価

既に本編第1章第1節3「相続財産の評価」で述べたとおり，生産緑地を除く市街地農地は原則として，その農地が宅地であるとした場合の1平方メートル当たりの価額からその農地を宅地に転用する場合に通常必要と認められる造成費相当額として，国税局長の定める金額を控除した金額に，その農地の地積を乗じて計算した金額によって評価することとされている。

生産緑地は，生産緑地法第10条の規定による買取申出を行ってその申し出の日から3月を経過したもの[13]を除き，建築物の建築，宅地造成等の行為に対して制限が付されている。そのため，これらの制限のない一般の市街地農地として財産評価基本通達第2章の定めにより評価したうえ，その評価額から買取申出ができることとなる日までの期間に応じて下の図に掲げる割合を乗じて求めた金額を控除した金額によって評価することとされている（財産評価基本通達40-3）。

〈生産緑地の評価に係る評価減の割合〉

① 課税時期において市町村長に対し買取りの申出をすることができない生産緑地	
課税時期から買取りの申出をすることができることとなる日までの期間	割 合
5年以下のもの	100分の10
5年を超え10年以下のもの	100分の15
10年を超え15年以下のもの	100分の20
15年を超え20年以下のもの	100分の25
20年を超え25年以下のもの	100分の30

13）買取申出を行った日から3月を経過している生産緑地は，行為制限が解除されたものとなっているので，一般の市街地農地と同一の方法で評価が行われる。

25年を超え30年以下のもの	100分の35
② 課税時期において市町村長に対して買取りの申出が行われていた生産緑地又は買取りの申出をすることができる生産緑地※	100分の5

※ 買取りの申出は,指定後30年経過した場合以外にも,その生産緑地に係る農業等の主たる従事者が死亡したときにもできるところから,主たる従事者が死亡したときの生産緑地の価額は上記①によって評価することとなる。

特定生産緑地は,その行為の制限については一般の生産緑地と異なるところがなく,また,買取申出の日から3月を経過すればその制限が解除される点でも同様であるところから,一般の生産緑地と同一の評価方法により評価することになる。ただし,特定生産緑地については,課税時期から指定期限日までの期間に応じて上記①の割合を適用することになる。

第2節 相続税・贈与税の納税猶予

1 生産緑地に対する納税猶予制度の概要

既に本編第1章第4節「農地の相続税・贈与税の納税猶予」で述べたとおり,農地等を相続等又は贈与によって取得した者が,その農地等において農業を継続して営む場合は,その者に対して課せられる相続税又は贈与税の納税猶予の適用を受けることができる。ただし,この農地の範囲からは「特定市街化区域農地等」(三大都市圏の特定市の市街化区域内に所在する農地等)は除かれているが,さらにこの「特定市街化区域農地等」からは「都市営農農地等」(市街化区域内に所在する生産緑地等[14])を除くと定められている(租特70条の4・70条の6)。

すなわち,生産緑地区域内の農地等は,特定市街化区域内に所在するものであっても,例外的に相続税・贈与税の納税猶予制度の適用対象になる

---

14) 生産緑地及び特定生産緑地のほかに「都市営農農地」の範囲には,2018年からは田園住居地域内の農地が,2020年からは都市計画法上の地区計画農地保全条例による制限を受ける区域内にある農地が加えられている。これらの農地についても,生産緑地同様に開発・建築に制限を受けるものであるところから,相続税・贈与税の納税猶予の対象となっている。

ものとされている。

2 「都市営農農地等」に含まれる生産緑地の範囲

特定市街化区域内の生産緑地及び特定生産緑地のうち，次の農地等は「都市営農農地等」の範囲から除くものとされている（租特70条の4第2項4号）。

① 生産緑地地区内にある農地等のうち，買取りの申出がされたもの
② 生産緑地法に定める申出基準日までに特定生産緑地の指定がされなかったもの
③ 同法に定める指定期限日までに特定生産緑地の期限の延長がされなかったもの
④ 特定生産緑地の指定が解除されたもの

これらの農地のうち②及び③はそれぞれの基準日等が経過した後はいつでも買取りの申出が可能となり，そして①②③共に，買取申出の後3月以内にその申出に係る農地等の所有権移転がされなかったときは，生産緑地法による行為制限が解除される。また，④は指定の解除後は生産緑地法による制限を受けない農地等となる。このため，特定市街化区域内の他の農地等と同様に，納税猶予制度の適用対象から除かれるものとなる。

ただし，②及び③は基準日等が経過した後も，買取申出を行わない限り，生産緑地（又は特定生産緑地）であり続けるため，生産緑地法による制限も受け続けることになる。これら農地については，特定生産緑地の指定・延長がされないことが猶予期限の確定の事由とはされていないため，現に猶予の特例適用を受けている納税猶予者に限りその猶予は継続されるが，次の世代への相続又は贈与については納税猶予の適用を受けることはできない。

3 生産緑地の貸付けと納税猶予

農地についての相続税の納税猶予制度は，相続等で取得した土地を自ら耕作することを要件としているため，貸付けを行った場合は，特定貸付けや営農困難時貸付けの特例を除き，その農地については納税猶予の期限が

確定し，猶予税額を納付することになるのが原則である。

　しかし，このうち特定貸付けは，既に本編第1章第4節3「農地等の貸付と納税猶予」で説明したとおり，市街化区域外の農地等が対象とされており，生産緑地には適用することができない。

　生産緑地に対しては，都市農業振興基本法に基づく施策の1つである，都市農地を保全し都市農業の振興を図っていくために農地の貸借を促進する制度措置として，2018年に都市農地を貸し付けた場合にも納税猶予を継続適用できる特例が創設された。この「都市農地貸付け」の対象となるのは生産緑地地区内の農地に限られ，この特例適用により貸し付けられた農地等については，その貸付けによる賃借権等の設定はなかったものと，農業経営は廃止していないものとみなして，引き続き納税猶予制度の適用を受けることができる。この「都市農地貸付け」には次のア又はイの貸付けがある（租特70条の6の4）。

ア　認定都市農地貸付

　　猶予適用者[15]が市町村長の認定を受けた認定事業計画に基づき他の農業者に直接農地を貸し付ける場合がこれに該当する。

イ　農園用地貸付

　　猶予適用者[15]が行う，次の(ｱ)，(ｲ)又は(ｳ)の方法による市民農園の用に供するための農地の貸付けがこれに該当する。

(ｱ)　地方公共団体や農業協同組合が農業委員会の承認を受けて開設する市民農園の用に供するために，これらの開設者に農地を貸し付ける場合

(ｲ)　農地の所有者が農業委員会の承認を受けて市民農園を開設し，利用者に直接農地を貸し付ける場合

(ｳ)　地方公共団体や農業協同組合以外の者（会社等）が農業委員会の承認を受けて開設する市民農園の用に供するために，これらの開設者に農地を貸付ける場合

---

15) 猶予適用者（相続税の納税猶予の特例の適用を受けている農業相続人）のほかに，被相続人から相続等により取得した農地についても，その相続等に係る相続税の申告時点で都市農地の貸付けの特例の適用を受けることができる（租特70条の6の5第2項）。

農園用地貸付けの仕組みを図示すれば次の表のとおりである。

〈農園用地貸付け〉

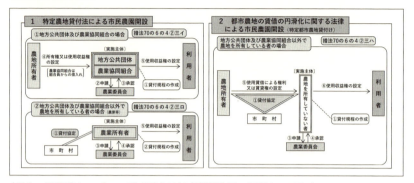

（出典：財務省ウェブページ「平成30年度税制改正の解説」622頁（https://warp.da.ndl.go.jp/info:ndljp/pid/11122457/www.mof.go.jp/tax_policy/tax_reform/outline/fy2018/explanation/pdf/p0586-0645.pdf））

4 生産緑地に対する納税猶予の期限と猶予税額の免除

　農地の所在地区別の貸付けと猶予税額の免除要件については，本編第1章第4節3(4)「特例農地等の貸付けと納税猶予期限」に記したとおりである。ここで，三大都市圏の特定市以外の地域の生産緑地についても，都市農地の貸付けの特例が創設されたことに伴い，旧法においては20年であった納税猶予期限が，その猶予者の死亡の時までと変更された点に注意が必要である。

　なお，旧法猶予適用者に対しては，原則として改正後の都市農地の貸付けの特例は適用できないが，既に納税猶予の適用を受けている農地についても，その猶予適用者の選択により，都市農地の貸付けの特例を適用できることとされた（租特70条の6の4第7項）。

　ただし，この選択により認定都市農地の貸付け又は農園用地貸付を行った旧法猶予適用者は，その貸付け以後は継続届出書の提出義務等については全て平成30年度改正後の租税特別措置法の適用を受ける点に注意が必要である。

相続税の納税猶予期日と貸付けの可否を図示すれば次の表のとおりである。

〈所在区域別の農地の貸付けと相続税の納税猶予期日〉

地理的区分		三大都市圏		地方圏
都市計画区分		特定市	特定市以外	
市街化区域	生産緑地※1	営農：終身 （貸付け：認定都市農地貸付け，農園用地貸付け）		
	田園住居地区及び地区計画農地保全条例により制限を受ける区域内にある農地	営農：終身 貸付け：——	営農：20年※2 貸付け：——	
	上記以外			
市街化区域以外 （市街化調整区域，非線引）		営農：終身 貸付け：特定貸付け		

※1 特定生産緑地を含み，申出基準日までに特定生産緑地の指定がされなかった生産緑地，指定期限日までに延長がされなかった特定生産緑地及び指定が解除された特定生産緑地を除く。
※2 納税猶予の特例を受ける農地のうちに都市営農農地（生産緑地のうち買取の申出がされたもの等を除いた農地）がある場合には，全体の営農要件が終身となる。

5 生産緑地に係る納税猶予の手続

(1) 相続税の申告手続等

生産緑地等について相続税の納税猶予の適用を受ける場合は，既に本編第1章第4節1(6)①「相続税の申告手続」で説明したと同様に，相続税の申告書に所定の事項を記載し期限内に提出するとともに，担保の提供，申告書への一定の書類の添付が必要である。

添付書類の主なものは次のとおりである。

① 相続税の納税猶予に関する適格者証明書
② 農地等のうちに都市営農農地がある場合は，その都市営農農地が特例の対象となる農地又は採草放牧地に該当する旨の市長（区長）の証明書

③　その他特例の適用要件を確認する書類
　　④　担保提供書及び担保提供関係書類
　上記の「相続税の申告手続」に記載したものと大きな差はないが，②については生産緑地等以外の市街化区域内農地等に係るものとは証明の内容が若干異なっている。
　なお，納税猶予期間中3年ごとに提出が必要となる「継続届出書」については，既に本編第1章第4節1(6)②「納税猶予期間中の継続届出」で説明した手続と同一である。また猶予税額の免除に係る届出手続も本編第1章第4節1(7)に述べたものと同一である。

(2)　贈与税の申告手続等

　生産緑地等について贈与税の納税猶予の適用を受ける場合は，本編第1章第4節2(5)①「贈与税の申告手続」で説明したと同様に，贈与税の申告書に所定の事項を記載し期限内に提出するとともに，担保の提供，申告書への一定の書類の添付が必要である。

　添付書類の主なものは次のとおりである。

　　①　贈与税の納税猶予に関する適格者証明書
　　②　受贈者が贈与者の推定相続人であることを証する書類
　　③　担保提供書及び担保提供関係書類
　　④　贈与の事実を証する贈与契約書等
　　⑤　農地等のうちに都市営農農地がある場合は，その都市営農農地が特例の対象となる農地又は採草放牧地に該当する旨の市長（区長）の証明書

　①～④は上記の「贈与税の申告手続」に記載したものと同一であるが，それに加えて⑤の添付が必要である。

　なお，納税猶予期間中の継続届出及び贈与税の免除手続は，本編第1章第4節2(5)・(6)で述べたものと同一である。

(3)　都市農地貸付けを行った場合の手続

　猶予適用者がその適用を受ける特例農地等（生産緑地地区内の農地）について，認定都市農地貸付け又は農園用地貸付けを行った場合に，引き続き納税猶予の適用を受けるには，貸付けを行った日から2か月以内に

「認定都市農地貸付け等に関する届出書」を所轄税務署長に提出する必要がある。

また，被相続人から相続等により取得した農地について，相続人が認定都市農地貸付け等を行った場合に納税猶予の適用を受けるときは，上記届出書の提出期限は，貸付けを行った日から２か月を経過する日と相続税の申告書の提出期限の日といずれか遅い日までとなる。

上記の届出書の添付書類は次のとおりである。
① 貸付けが認定都市農地貸付けである場合
　　貸付都市農地に係る事業計画につき法定の認定を受けた旨及びその年月日並びに農業相続人がその貸付けを行った年月日を証する市町村長（又は特別区の区長）の書類の写し
② 貸付けが農園用地貸付けである場合
　　その農園の開設者が「特定農地貸付法」所定の承認を受けた旨及びその年月日並びに農業相続人がその貸付けを行った年月日を証する農業委員会（その貸付けが市民農園整備促進法の規定によるものであるときは市町村長又は特別区の区長）の書類

第3節　生産緑地に対する固定資産税

1　課税標準

生産緑地を除く市街化区域農地は，本編第２章第１節３「農地の固定資産税」で説明したとおり，「宅地並評価」による評価額を課税標準とするのに対し，生産緑地地区内の農地は，生産緑地法による開発・転用の制限を受けるところから，一般農地と同様の評価方法（農地評価）によるものとされている。また，負担調整措置についても一般農地と同様に「農地の負担調整措置」が適用される。[16]

---

[16] 農地評価・農地課税の対象となる生産緑地からは，(ｱ)生産緑地のうち申出基準日までに特定生産緑地の指定がされなかった農地，(ｲ)指定期限日までに特定生産緑地の期限の延長がされなかった農地，(ｳ)特定生産緑地の指定が解除された農地が除かれている（地税附則19条の２第１項１号，同令附則14条１項）。

第4章　生産緑地に関する税務上の取扱い

「農地評価」及び「農地の負担調整措置」については上記「農地の固定資産税」の項で述べているので，当該箇所を参照されたい。

農地に対する固定資産税について，所在地区別及び都市計画区分別に評価方法と課税方式を図示すれば，次の表のとおりである。

〈農地に対する固定資産税〉

地区等の区分			評　価	課　税
一般農地			農地評価	農地課税
市街化区域農地	生産緑地		農地評価	農地課税
	一般市街化区域農地	生産緑地以外	宅地並評価	農地に準じた課税
	三大都市圏の特定市		宅地並評価	宅地並課税

　上記の各農地に対する固定資産税の負担額の目安として，農林水産省ウェブサイト掲載の資料では，一般農地及び生産緑地は10アール（a）当たり千円，一般市街化区域農地は同数万円，特定市街化区域農地は同十数万円となっている。

　東京都における生産緑地の固定資産税評価額は1平方メートル当たり220円となっているので，10アール当たりでは22万円，固定資産税額は約3千円と算定され，上記の平均的な目安よりも若干高くなっている。

2　指定解除等の場合の激変緩和措置

　三大都市圏の生産緑地地区内の農地において生産緑地の指定解除があった場合や，申出基準日までに特定生産緑地の指定がされなかった等の事由（上記1の（脚注16）の(ア)～(ウ)）が生じた場合には，当該農地は，農地評価・農地課税の適用対象から外れ，宅地評価・宅地並課税となる。しかし，こうした事由による固定資産税負担の急激な増加を防ぐ観点から「激変緩和措置」が設けられ，課税標準額を毎年20パーセントずつ引き上げていき5年間で宅地並み評価とする措置が適用される（地税附則19条の3，地税令附則14条の2）。

　すなわち，本編第2章第1節3(2)②「特定市街化区域農地」に述べた下

記の軽減率（再掲）が適用され，特定市街化区域農地に係る評価額に3分の1を乗じた額に，各年別に下記の率を乗じた額に基づいて税額が算定される。

年　度	初年度目	2年度目	3年度目	4年度目
軽減率	0.2	0.4	0.6	0.8

第4編 事例解説

本編では，農地・生産緑地の所有権移転について，実務上よくある事例を設定し，各事例について，ポイントとなる点や注意すべき点，書式例等を掲載している。

第1章では相続に関する事例，第2章では売買，第3章では贈与についてそれぞれ扱い，第4章ではそれ以外の原因による所有権移転に関する事例を扱う。

第1章 相 続

第1節 生産緑地の指定を受けていない市街化区域内農地の場合

> **事例1**
>
> 東京都23区内（三大都市圏特定市該当）において，農業を営んでいたAが死亡した。被相続人Aの相続人は，妻B，長男C，長女Dの3名である。Aの相続財産は相続財産一覧のとおりで，不動産のうち畑は生産緑地指定を受けていない市街化区域内農地（三大都市圏特定市の市街化区域内農地）である。
>
> 相続人B，C，Dはいずれも農業に従事しておらず，今後，農業を営む意向はない。
>
> 被相続人Aは遺言書を作成していなかったことから，相続人B，C，Dの間で遺産分割協議を行い，妻Bは現在居住している自宅土地建物を相続し，長男Cは賃貸マンション及びその敷地，農地を相続し，預貯金はBと長女Dがそれぞれ相続した。

【相続財産一覧】

種類	用途	面積	相続税評価額(円)	取得者
土地	自宅用地	300㎡	75,000,000	B
建物	自宅（平家）	180㎡	2,000,000	B
土地	貸家建付地 （賃貸マンション底地）	1000㎡	300,000,000	C
建物	貸家 （賃貸マンション）	900㎡	90,000,000	C
土地	畑（宅地化農地）	450㎡	135,000,000	C
預貯金			50,000,000	½B ½D
債務	金融機関からの借入金 （賃貸マンション建築資金）		60,000,000	C

1　生産緑地の指定を受けていない市街化区域内農地に関する税制

　生産緑地の指定を受けていない市街化区域内農地に関する税制については，一般市町村の市街化区域内農地の場合と，三大都市圏特定市の市街化区域内農地の場合に分けられる。
　固定資産税評価，課税原則及び相続税納税猶予制度の適用については，以下の表のとおりである。

〈生産緑地以外の市街化区域内農地の税制〉

区分	生産緑地以外の市街化区域内	
	一般市町村	三大都市圏特定市内
固定資産税評価	宅地並み	宅地並み
固定資産税課税	農地に準ずる	宅地並み
相続税納税猶予制度適用	あり	なし

　本事例においては，被相続人Aの所有する農地は，三大都市圏特定市内に存する生産緑地以外の市街化区域内農地となることから，畑であっても，

第1節　生産緑地の指定を受けていない市街化区域内農地の場合

宅地並みの評価がされ，相続税納税猶予制度の適用を受けることもできない。

2　相続税納付に向けたスケジュール調整

　本事例においては，不動産の評価額が，預貯金などの流動資産の金額を大きく超えてしまうことから，相続税の納付方法，資金調達方法等を検討しなければならない。

　また，配偶者特別控除や小規模宅地の特例等の適用を考慮した遺産分割方法の検討も必要となる場合もあるだろう。

　本事例のような状況において，検討すべき点を以下のチェックシートで整理した。

〈検討チェックシート〉

相続税評価	□配偶者特別控除適用の有無		
	□小規模宅地の特例の適用の有無		
	□不動産評価のための測量の要否		
相続税納付の方法	現金納付	□手持ち現金での納付	
		不動産売却	□売却不動産の選定
			□価格・面積
			□農地法の許可
		□金融機関での借入れ（相続税納税融資）	
	□物　　納		
	□延　　納		

165

第1章 相　続

　相続税申告及び納付については，被相続人の死亡の翌日から10か月目の日までにする必要があることから，相続税の納付について，不動産売却を伴う場合，金融機関から相続税納付のための融資を受ける場合，物納を選択する場合については，納付期限までに不動産売却，抵当権設定，物納許可等必要な手続（下図参照）を完了させる必要があることから，スケジュール調整が重要となる。

〈納付のために必要な手続〉

	必要な手続（被相続人死亡から10か月以内）		
不動産売却	相続登記	対象不動産，売却先，売却代金等の決定	農地法の許可
相続税納税融資の利用	農地法届出（3条の3第1項）	借入先金融機関の選定	抵当権設定
物納		物件調査	税務署の許可

　Bは配偶者控除の適用を受けることで，相続税の納税は，不要となる。
　Cは賃貸マンション土地建物を相続したことで相続税を納付する必要があるが，宅地化農地には相続税の納税猶予制度を適用することはできないため，Cに手元資金がない場合は，相続税資金を捻出する必要がある。Cには農地を相続した上で売却する，相続税の延納又は物納の可能性を検討する，金融機関から相続税融資を受け現金納付する，等の選択が考えられる。
　Cが農地を転用して売却する場合，農業委員会に農地法5条の転用届を提出した上で売却することとなる。

〈例・登記申請書〉

```
            登　記　申　請　書

登記の目的　　所有権移転
```

第1節　生産緑地の指定を受けていない市街化区域内農地の場合

```
原　　　因　　令和○年○月○○日相続
相　続　人　　（被相続人　A）
　　　　　　　東京都□□区○○五丁目□番○
　　　　　　　　　C
添付書面　　登記原因証明情報　　住所証明書　　代理権限証書
令和○年○月○○日申請　東京法務局○○出張所
代　理　人　　東京都□□区▲▲一丁目○○番地○
　　　　　　　　司法書士　　○○　○○
　　　　　　　　電話番号　　○○－○○○○－○○○○
課税価格　　金○○円※①
登録免許税　　金○○円※②
不動産の表示
　所　　在　　○○区□□五丁目
　地　　番　　101番
　地　　目　　畑
　地　　積　　1000㎡
```

※①　固定資産評価額（1000円未満切り捨て）
※②　課税価格の1000分の4（100円未満切り捨て）

3　税　務

事例1に係る相続税額は次表のとおり計算される。なお，預貯金は妻Bと長女Dが2分の1ずつ取得したものとする。

項　　目	計　算　式	金　額（円）	
ア．課税価格	※1		502,600,000
イ．相続税の総額			
基礎控除額	30,000,000＋6,000,000×3人	48,000,000	
課税遺産総額	502,600,000－48,000,000	454,600,000	
Bの法定相続分	454,600,000×1/2	227,300,000	
C・Dの法定相続分	454,600,000×1/4	113,650,000	
Bの相続税額	227,300,000×45％－27,000,000	75,285,000	
C・Dの相続税額	113,650,000×40％－17,000,000	28,460,000	

相続税の総額	75,285,000＋28,460,000×2人		132,205,000
ウ．各人の算出税額			
Bの算出税額	132,205,000×102,000/502,600		26,830,300
Cの算出税額	132,205,000×375,600/502,600		98,798,600
Dの算出税額	132,205,000×25,000/502,600		6,576,000
エ．各人の納付税額			
Bの納付税額	26,830,300－26,830,300※2		0
Cの納付税額			98,798,600
Dの納付税額			6,576,000
合　　計			105,374,600

※100円未満の端数については切り捨て。以下税額計算について同様。

　長男は約9,880万円の相続税を納付する必要があるが，現預金は取得していないため，手元資金に余裕がなければ，納税資金の調達策が必要となる。

　畑を売却して納税資金に充てる場合の譲渡所得税等の計算例は事例9（第2章第1節）の3を参照されたい。

※1　各相続人別の取得財産及び課税価格は下表のとおりである。

相続財産	妻B	長男C	長女D	合計（円）
自宅敷地	75,000,000			75,000,000
貸家建付地 ❶		234,000,000		234,000,000
小規模宅地等の特例❷		－23,400,000		－23,400,000
畑		135,000,000		135,000,000
自宅建物	2,000,000			2,000,000
貸家（マンション）		90,000,000		90,000,000
預貯金	25,000,000		25,000,000	50,000,000
財産合計	102,000,000	435,600,000	25,000,000	562,600,000
債務（借入金）		60,000,000		60,000,000
純財産	102,000,000	375,600,000	25,000,000	502,600,000

❶　地積が1,000㎡以上のため，地積規模の大きな宅地の評価を適用し，78パーセントの評価とした。
　規模格差補正率＝(1,000×0.9＋75)/1,000×0.8

❷ 減額される課税価格の金額＝234,000,000×200/1,000×50％
　妻は配偶者の税額軽減により納付税額がないため，長男の取得する宅地に特例を適用した。
※2　妻の取得財産の課税価格は課税価格合計の2分の1（妻の法定相続分）以下であるため，その相続税の全額が配偶者の税額軽減の限度額となる。

　小規模宅地等の特例の適用を受けるためには，相続税の申告書にこの特例の適用を受けようとする旨を記載するとともに，小規模宅地等に係る計算の明細書や遺産分割協議書の写し等，所定の書類を添付して，相続税の申告期限の日までに提出する必要がある。特例を適用したことで納付する相続税額が0になった場合でも，申告書を提出しなければならないので，注意が必要である。
　また，相続税の申告期限までに相続財産の分割が行われていなければ，小規模宅地等の特例や配偶者の税額軽減の特例等は適用できないので，注意しなければならない。

第2節　生産緑地（非特定生産緑地）の場合

> 事例2
>
> 　東京都23区内（三大都市圏特定市該当）において，農業を営んでいたAが死亡した。被相続人Aの相続人は，妻B，長男C，長女Dの3名である。Aの相続財産は相続財産一覧のとおりで，不動産のうち畑は生産緑地指定を受けて，指定告示より30年を経過したが，特定生産緑地の指定を受けていない農地である。
> 　相続人B，C，Dはいずれも農業に従事しておらず，今後，農業を営む意向はない。
> 　被相続人Aは遺言書を作成していなかったことから，相続人B，C，Dの間で遺産分割協議を行い，妻Bは現在居住している自宅土地建物を相続し，長男Cは賃貸マンション及びその敷地，生産緑地（非特定生産緑地）を相続し，預貯金はBと長女Dがそれぞれ相続した。

第1章 相 続

【相続財産一覧】

種 類	用 途	面 積	相続税評価額(円)	取得者
土 地	自宅底地	300㎡	75,000,000	B
建 物	自宅（平家）	180㎡	2,000,000	B
土 地	貸家建付地 (賃貸マンション底地)	1000㎡	300,000,000	C
建 物	貸家 (賃貸マンション)	900㎡	90,000,000	C
土 地	生産緑地 (非特定生産緑地)	1000㎡	275,000,000	C
預貯金			50,000,000	½ B ½ D
債 務	金融機関からの借入金 (賃貸マンション建築資金)		60,000,000	C

1 事例解説

　本事例も事例1と同様，Bは配偶者控除の適用により相続税の納税は不要であり，Cは相続税の納税が必要となることも同様である。事例1と異なるのは，農地が生産緑地であることである。Aが生産緑地を相続した際に相続税の納税猶予を受けていた場合，Aの相続税納税猶予は生産緑地の指定の告示から30年を経過しても継続するため，当該農地について農業経営の廃止，譲渡，転用等の一定の事由が生じることなくAが死亡すれば，Aが猶予された相続税額は免除される（租特70条の6第39項）。一方，本事例における農地は，特定生産緑地の指定を受けていないことから，相続人については相続税納税猶予制度の適用を受けることはできない（租特70条の6，70条の4第2項）。したがって，仮にCに農業経営を行う意思があったとしても，相続税納税猶予制度を利用することはできない。
　本事例において，Cは相続税を納税する必要があり，Cに手元資金がない場合，本事例の農地は，特定生産緑地の指定を受けなかったことにより，

第2節　生産緑地（非特定生産緑地）の場合

　固定資産税は宅地並み評価・宅地並み課税（5年間の激変緩和措置により段階的に上昇）されることを考えると，農地売却が有力な選択肢となる。この場合，事例1とは異なり，本事例の農地は生産緑地の指定を受けていることから，特定生産緑地の指定を受けずに申出基準日（生産緑地地区に関する都市計画の告示の日から起算して30年を経過する日）を経過していたとしても，生産緑地としての行為制限はかかっている状態である。

　Cは，市町村長に対し，生産緑地地区指定の告示の日から30年の経過により，買取申出を行った上で，市町村が買い取らず，市町村長によるあっせんも成立しない場合には，買取申出から3か月経過後に行為制限が解除される（第2編第2章第2節参照）。この後，売買契約の締結，農地法5条の転用届の提出，代金決済による売買代金の受領，相続税の納税となる。また，農地の転用に当たり，一定以上の面積を開発するには，都市計画法に基づく開発許可も必要となるため，更に時間を要することとなる。

〈例・生産緑地買取申出書〉

```
別記様式第二（第五条関係）

             生産緑地買取申出書
                                    年　　月　　日
    殿

            ┌─────────┬──住──所──┬─────────┐
            │ 申出をする者 ├────────┤         │
            │         │ 氏　　名 │         │
            └─────────┴────────┴─────────┘

　生産緑地法第10条の規定に基づき，下記により，生産緑地の買取りを申し
出ます。
                     記
 1　買取り申出の理由
 2　生産緑地に関する事項
```

所在及び地番	地目	地積	当該生産緑地に存する所有権以外の権利		
			種類	内容	当該権利を有する者の氏名及び住所

3 参考事項
(1) 当該生産緑地に存する建築物その他の工作物に関する事項

所在及び地番	用途	構造の概要	延べ面積	当該工作物の所有者の氏名及び住所	当該工作物に存する所有権以外の権利		
					種類	内容	当該権利を有する者の氏名及び住所
			㎡				

(2) 買取り希望価額
(3) その他参考となるべき事項

(出典：平21・12・11付経営第4608号・21農振第1599号農林水産省経営局長・農林水産省農村振興局長通知「農地法関係事務処理要領の制定について」（最終改正：令6・3・28付5経営第3124号・5農振第3094号）

2 税 務

事例2に係る相続税額は次表のとおり計算される。なお，預貯金は妻Bと長女Dが2分の1ずつ取得したものとする。

項　目	計　算　式	金　額（円）	
ア．課税価格	※1		571,375,000
イ．相続税の総額			
基礎控除額	30,000,000＋6,000,000×3人	48,000,000	
課税遺産総額	571,375,000－48,000,000	523,375,000	
Bの法定相続分	523,375,000×1/2	261,687,500	
CDの法定相続分	523,375,000×1/4	130,843,750	
Bの相続税額	261,687,000×45％－27,000,000	90,759,150	
CDの相続税額	130,843,000×40％－17,000,000	35,337,200	
相続税の総額	90,759,180＋35,337,200×2人		161,433,500

第2節　生産緑地（非特定生産緑地）の場合

ウ．各人の算出税額		
Bの算出税額	161,433,500×102,000/571,375	28,818,500
Cの算出税額	161,433,500×444,375/571,375	125,551,500
Dの算出税額	161,433,500×25,000/571,375	7,063,300
エ．各人の納付税額		
Bの納付税額	28,818,500 − 28,818,500[※2]	0
Cの納付税額		125,551,500
Dの納付税額		7,063,300
合　計		132,614,800

　長男は約1億2千5百万円の相続税を納付する必要があるが、現預金は取得していないため、手元資金に余裕がなければ、納税資金の調達策が必要となる。

※1　各相続人別の取得財産及び課税価格は下表のとおりである。

相続財産	妻B	長男C	長女D	合計（円）
土　地				
自宅敷地	75,000,000			75,000,000
貸家建付地 ❶		234,000,000		234,000,000
小規模宅地等の特例 ❷		−23,400,000		−23,400,000
畑（生産緑地）❸		203,775,000		203,775,000
家屋				
自宅	2,000,000			2,000,000
貸家（マンション）		90,000,000		90,000,000
預貯金	25,000,000		25,000,000	50,000,000
財産合計	102,000,000	504,375,000	25,000,000	631,375,000
債務（借入金）		60,000,000		60,000,000
純財産	102,000,000	444,375,000	25,000,000	571,375,000

❶　地積が1,000㎡以上のため、地積規模の大きな宅地の評価を適用し、78パーセントの評価とした。
　　規模格差補正率＝（1,000×0.9＋75）／1,000×0.8

❷ 減額される課税価格の金額＝234,000,000×200/1,000×50％
　妻は配偶者の税額軽減により納付税額がないため，長男の取得する宅地に特例を適用した。
❸ 上記❶と同様地積規模の大きな宅地の評価を適用して78パーセントの評価額とするとともに，生産緑地に係る補正率95パーセントを適用して評価した。
※２ 妻の取得財産の課税価格は課税価格合計の２分の１（妻の法定相続分）以下であるため，その相続税の全額が配偶者の税額軽減の限度額となる。

　小規模宅地等の特例の適用を受けるためには，相続税の申告書にこの特例の適用を受けようとする旨を記載するとともに，小規模宅地等に係る計算の明細書や遺産分割協議書の写し等，所定の書類を添付して，相続税の申告期限の日までに提出する必要がある。特例を適用したことで納付する相続税額が０になった場合でも，申告書を提出しなければならないので，注意が必要である。
　また，相続税の申告期限までに相続財産の分割が行われていなければ，小規模宅地等の特例や配偶者の税額軽減の特例等は適用できないので，注意しなければならない。

第3節　生産緑地（特定生産緑地）の場合──相続人が農業を行わない場合

> **事例3**
>
> 　東京都23区内（三大都市圏特定市該当）において，農業を営んでいたＡが死亡した。被相続人Ａの相続人は，妻Ｂ，長男Ｃ，長女Ｄの３名である。Ａの相続財産は相続財産一覧のとおりで，不動産のうち畑は生産緑地指定を受け，指定から30年経過前に特定生産緑地の指定を受けた農地である。
> 　相続人Ｂ，Ｃ，Ｄはいずれも農業に従事しておらず，今後，農業を営む意向はない。
> 　被相続人Ａは遺言書を作成していなかったことから，相続人Ｂ，Ｃ，

第3節 生産緑地(特定生産緑地)の場合――相続人が農業を行わない場合

> Dの間で遺産分割協議を行い，妻Bは現在居住している自宅土地建物を相続し，長男Cは賃貸マンション及びその敷地，特定生産緑地を相続し，預貯金はBと長女Dがそれぞれ相続した。

【相続財産一覧】

種　類	用　途	面　積	相続税評価額 (円)	取得者
土　地	自宅底地	300㎡	75,000,000	B
建　物	自宅(平家)	180㎡	2,000,000	B
土　地	貸家建付地 (賃貸マンション底地)	1000㎡	300,000,000	C
建　物	貸家 (賃貸マンション)	900㎡	90,000,000	C
土　地	生産緑地(特定生産緑地)	1000㎡	275,000,000	C
預貯金			50,000,000	½ B ½ D
債　務	金融機関からの借入金 (賃貸マンション建築資金)		60,000,000	C

1　事例解説

　本事例では，農地が特定生産緑地であることから，事例2と同じく，Aが相続税の納税猶予を受けていた場合，Aの相続税納税猶予は生産緑地の指定告示から30年を経過しても継続するため，当該農地について農業経営の廃止，譲渡，転用等の一定の事由が生じることなくAが死亡すれば，Aが猶予された相続税額は免除される（租特70条の6第39項）。

　本事例における農地は，特定生産緑地の指定を受けており，相続税納税猶予制度の農地要件は満たす。しかし，納税猶予の適用を受けるには，相続人が相続税の申告期限までに農業経営を開始し，その後も引き続き農業経営を行うと認められる者でなければならない（租特70条の6第1項，租特令40条の7第2項）。本事例のように，相続人全員に農業を続ける意向がない

場合，原則として相続税納税猶予制度を選択することはできない。事例1・2と同様，Cに手元資金がなければ，相続税を納税するために農地を売却することとなり，事例2と同様，特定生産緑地の買取申出の手続を経た上で，農地を売却し，相続税を納付する。

相続人が農業を行わない場合であっても，相続人が認定都市農地貸付けまたは農園用地貸付けを行うことにより，相続税納税猶予制度の適用を受けることが可能である（租特70条の6の5第2項。第3編第4章第2節3参照）。具体的には，(ア)市町村長の認定を受けた認定事業計画に基づく都市農業者への直接の貸付け，(イ)⑦地方公共団体又は農業協同組合が農業委員会の承認を受けて開設する市民農園の用に供するための貸付け，④農地所有者が貸付協定を市町村と締結したうえで農業委員会の承認を受けて市民農園を開設し利用者への直接の貸付け，(ウ)地方公共団体及び農業協同組合以外の者（企業等）が農業委員会の承認を受けて開設する市民農園の用に供するための貸付けがある。特例の適用を受けるには，相続人が貸付を行った日から2か月以内に「相続税の納税猶予の認定都市農地貸付け等に関する届出書」を所轄の税務署に提出する必要がある。

なお，2018年の生産緑地法施行規則改正により，都市農地貸借円滑化法又は特定農地貸付法に基づき生産緑地を貸借している場合であっても，生産緑地所有者が，主たる従事者の年間従事日数の一割以上以上農業に従事すれば主たる従事者に該当することになる。Cが，主たる従事者（借主）の年間従事日数の1割以上の日数を，生産緑地周辺の見回りや，周辺住民からの相談等に従事することにより，Cが死亡した場合においても，主たる従事者が死亡したことを原因とする買取申出を行うことができる（生産緑地法施行規則3条2項）。

2 税　務

事例3に係る相続税額は，事例2と同額である。

生産緑地と特定生産緑地の相違はあっても，算出される相続税の額に影響はない。

第 *4* 節　生産緑地（特定生産緑地）――相続人が農業を続ける場合

> **事例4**
>
> 　東京都23区内（三大都市圏特定市該当）において，農業を営んでいたAが死亡した。被相続人Aの相続人は，妻B，長男C，長女Dの3名である。Aの相続財産は相続財産一覧のとおりで，不動産のうち畑は生産緑地指定を受け，指定から30年経過前に特定生産緑地の指定を受けた農地である。
>
> 　被相続人Aは遺言書を作成していなかったことから，相続人B，C，Dの間で遺産分割協議を行い，妻Bは現在居住している自宅土地建物を相続し，長男Cは賃貸マンション及びその敷地，特定生産緑地を相続し，預貯金はBと長女Dがそれぞれ相続した。
>
> 　妻B，長男Cは，Aの生前Aとともに農業に従事しており，Aの死後も引き続き農業を営む意向である。

【相続財産一覧】

種　類	用　途	面　積	相続税評価額 （円）	取得者
土　地	自宅底地	300㎡	75,000,000	B
建　物	自宅（平家）	180㎡	2,000,000	B
土　地	貸家建付地 （賃貸マンション底地）	1000㎡	300,000,000	C
建　物	貸家 （賃貸マンション）	900㎡	90,000,000	C
土　地	生産緑地 （特定生産緑地）	1000㎡	275,000,000	C
預貯金			50,000,000	½ B ½ D
債　務	金融機関からの借入金 （賃貸マンション建築資金）		60,000,000	C

第1章 相 続

1 事例解説

　本事例も，事例3と同じく，農地が特定生産緑地であることから，Aが死亡すれば，Aが生産緑地を相続した際に猶予されていた相続税額は免除される。

　被相続人Aに関する相続税については，Cが相続する農地は特定生産緑地であることから，Cが営農するのであれば相続税納税猶予制度を適用することが可能である（租特70条の6第1項，租特令40条の7第1項）。これにより，相続税の負担を軽減するとともに，相続後の固定資産税についても引き続き負担を軽減することができる。相続税納税猶予制度の適用を受けるには，遺言書がなければ期限内に遺産分割協議を成立させる必要がある。また，相続税の納税期限内に申告の必要があり，相続税の申告書には，戸籍謄本等又は法定相続情報，遺言書の写し又は遺産分割協議書の写し，農業委員会が発行する相続税の納税猶予に関する適格者証明書，市区町村長の発行する納税猶予の特例適用の農地等該当証明書，担保提供書及び担保提供関係書類を添付する必要がある。

　また，相続税納税猶予制度の適用を継続するには，税務署に対し，農業を引き続き行っている旨の農業委員会の証明書を添付した上で，相続税の申告期限の翌日から起算して毎3年を経過するごとの日までに相続税の納税猶予の継続届出書を定期的に提出しなければならない（租特70条の6第32項）。

　相続税納税猶予制度の適用を受けたとしても相続税納付が必要となる場合，Cとしては農地の一部を売却し相続税の納税資金にあてるとともに，残りの部分は相続税納税猶予制度の適用を受け，相続税の納税を猶予し，負担を軽くして土地を残していくという選択も考えられる。

　例えば，農地を分筆登記し，一部の農地（400㎡）については買取申出を行い，残りの農地（600㎡）については相続税納税猶予制度の適用を受けることも可能である。この場合，分筆登記に費用と時間がかかるため，売却までのスケジュール管理に留意しなければならない。

　また，分筆後，残された生産緑地の面積が規模要件を下回ると，生産緑

第 4 節 生産緑地（特定生産緑地）――相続人が農業を続ける場合

地が解除されてしまうため、残された生産緑地の面積にも留意しなければならない。この農地を分筆する方法は、売却する目的だけではなく、農地の一部を宅地化し、マンション等の収益物件を建築し活用する目的や次に発生する相続対策として活用する目的等でも選択しうる。

2 税 務

事例4に係る相続税額は、事例2と同額である。相続人が農業経営を続けるかどうかの相違はあっても、算出される相続税の額に影響はない。

相続人Cが農業経営を引き継ぎ、農地に対する相続税の納税猶予の特例適用を受ける場合、納税猶予額及び納付税額は下表のとおり計算される。

項　目	計　算　式	金　額（円）	
(a) 納税猶予の対象農地の農業投資価格による評価額	840,000×1,000㎡／1,000㎡	840,000	
(b) 農業投資価格超過額	203,775,000 − 840,000(a)	202,935,000	
(c) 農業投資価格により計算した長男の取得財産の価額	444,375,000 − 202,935,000(b)	241,440,000	
ア．課税価格	102,000,000 + 241,440,000 + 25,000,000		368,440,000
イ．相続税の総額			
基礎控除額	30,000,000 + 6,000,000×3人	48,000,000	
課税遺産総額	368,440,000 − 48,000,000	320,440,000	
妻の法定相続分	320,440,0000×1/2	160,220,000	
子の法定相続分	320,440,000×1/4	80,110,000	
妻の相続税額	160,220,000×40% − 17,000,000	47,088,000	
子の相続税額	80,110,000×30% − 7,000,000	17,033,000	
相続税の総額	47,088,000 + 17,033,000×2人		81,154,000
ウ．各人の算出税額			

妻の算出税額	81,154,000×102,000/368,440		22,466,900
長男の算出税額	81,154,000×241,440/368,440	53,180,400	
長男の税額差額 （納税猶予額）	(161,433,500−81,154,000)× 202,935,000/202,935,000 （各人の(b)/全員の(b)）	80,279,500	133,459,900
長女の算出税額	81,154,000×25,000/368,440		5,506,500
エ．各人の納付税額			
妻の納付税額	22,466,900−22,466,900 （配偶者の税額軽減）		0
長男の納付税額	133,459,900−80,279,500 （納税猶予額）		53,180,400
長女の納付税額			5,506,500

　この納税猶予の特例の適用を受けるためには，相続税の申告書に納税猶予税額の明細等所定の事項を記載して期限内に提出するとともに，納税猶予税額及び利子税の額に見合う担保を提供することが必要である。
　また，申告書には相続税の納税猶予に関する適格者証明書や担保関係書類等一定の書類を添付することが必要である。
　なお，相続税の申告期限の日までに遺産の分割がされていない場合は，納税猶予の特例を受けることはできない。

第5節　生産緑地（特定生産緑地）——相続人が農業を続けた後，営農をやめた場合

> **事例5**
> 　東京都23区内（三大都市圏特定市該当）において，農業を営んでいたAが死亡した。被相続人Aの相続人は，妻B，長男C，長女Dの3名である。Aの相続財産は相続財産一覧のとおりで，不動産のうち畑は生産緑地指定を受け，指定から30年経過前に特定生産緑地の指定を受けた農地である。
> 　被相続人Aは遺言書を作成していなかったことから，相続人B，C，

第5節 生産緑地（特定生産緑地）——相続人が農業を続けた後，営農をやめた場合

Dの間で遺産分割協議を行い，妻Bは現在居住している自宅土地建物を相続し，長男Cは賃貸マンション及びその敷地，特定生産緑地を相続し，預貯金はBと長女Dがそれぞれ相続した。Cは相続税納税猶予制度の適用を受けた相続税の申告を行った。

長男Cは，Aの生前Aとともに農業に従事しており，Aの死後も引き続き農業を営んでいたが，10年後にCは農業を営むことをやめた。

【相続財産一覧】

種　類	用　途	面　積	相続税評価額（円）	取得者
土　地	自宅底地	300㎡	75,000,000	B
建　物	自宅（平家）	180㎡	2,000,000	B
土　地	貸家建付地（賃貸マンション底地）	1000㎡	300,000,000	C
建　物	貸家（賃貸マンション）	900㎡	90,000,000	C
土　地	生産緑地（特定生産緑地）	1000㎡	275,000,000	C
預貯金			50,000,000	½B ½D
債　務	金融機関からの借入金（賃貸マンション建築資金）		60,000,000	C

1 事例解説

本事例では，事例4と同じく，相続人が引き続き農業を営む意向であり，Cは相続税納税猶予制度の適用を受けた。その後，Cに営農を困難にする事情が生じた場合，以下のような選択肢が考えられる。

相続人が農業経営を廃止した場合，農地等納税猶予税額を納付しなければならず，この場合，猶予されていた相続税額に加え，相続税の申告期限の翌日から納税猶予の期限までの期間の利子税を支払わなければならない

(租特70条の6第40項)。

　農業の主たる従事者について，農業に従事することを不可能にさせる故障に該当する事由が発生した場合，生産緑地の買取申出を行うことができる（生産緑地法10条2項）。その後の手続は事例3と同様である。

　納税猶予の適用を受けている農業相続人が，障害や疾病等の理由により農業を継続することが困難となった場合，所有する農地を他の営農者に貸付ける営農困難時貸付けを行い，営農困難時貸付けに関する届出書を税務署に提出することにより，納税猶予を継続することが可能となる（第3編第1章第4節3参照。租特70条の6第28項）。

　事例3と同様，認定都市農地貸付けまたは農園用地貸付けを行うことにより，相続税納税猶予制度の適用を継続することも可能である。仮にCの子EがCとともに農業に従事していた場合には，CからEへ農地の全部を一括して贈与し，贈与税納税猶予制度の適用を受けることにより生産緑地を継続する方法も考えられる（第3編第1章第4節2参照。租特70条の4）。贈与税納税猶予制度を適用する場合，Cの死亡により贈与税額は免除されるが，Eについては相続税が適用されることとなり，Eが相続税納税猶予制度の適用を受けない場合，相続税の納税を検討しなければならない（第3編第1章第4節3参照。租特70条の6第28項）。

　なお，Cによる営農を困難にする事情として，障害や疾病以外の事情として，農地が台風の直撃を受けたこと等により，終身営農を継続することが事実上困難となった場合が想定される。このような事情により事実上営農が困難となったのが，相続税申告から数か月後といった日が浅い場合には，相続税納税猶予制度の適用を取りやめることも実務上検討される。

　具体的には，一旦受けた納税猶予を取り下げ，修正申告をした上で，猶予税額を一括納付することが考えられる。早期にこのような判断を行うことで，結果的に利子税の負担が少なく済む事例も存することから，営農の方針が決定された時点で，納税についても検討するとよい。

2 税　務

　事例5における相続税額及び納税猶予額は事例4と同額である。

納税猶予の対象である農地における農業経営を廃止した場合に納付すべき相続税額等は次のとおりである。

納税猶予に係る相続税の申告期限の日の翌日から納税猶予の期限（農業経営廃止の日から2か月を経過する日）までの日数は10年と61日とする。

相続税額：納税猶予額の全額	80,279,500円
同上に係る利子税　80,279,500×3.6%[※]×(10＋61/365)	29,383,616円
合　計	109,663,116円

※　都市営農農地（生産緑地等）を有する農業相続人に係る利子税の率。ただし、各年の利子税特例基準割合（財務大臣が告示する平均貸付割合に年0.5％を加算した割合）が7.3％に満たない場合には、その年中においては次の算式により計算した率になる。
（算式）
　　　3.6％×利子率特例基準割合／7.3％
　令和5～6年における平均貸付割合は0.4％、利子率特例基準割合は0.9％であるため、上記算式の率は、
　　　3.6％×0.9％／7.3％＝0.4％である。

第6節　生産緑地の買取申出に対し行政が買い取る場合

事例6

東京都23区内（三大都市圏特定市該当）において、農業を営んでいたAが死亡した。被相続人Aの相続人は、妻B、長男C、長女Dの3名である。Aの相続財産には畑があり、当該農地は生産緑地指定を受け、指定から30年経過前に特定生産緑地の指定を受けた農地である。

相続人B、C、Dはいずれも農業に従事しておらず、今後、農業を営む意向はない。被相続人Aは遺言書を作成していなかったことから、相続人B、C、Dの間で遺産分割協議を行い、畑は長男Cが相続することとした。

Cが、区に対し生産緑地の買取り申し出をしたところ、公園用地として買取ることを決定した旨の通知を受けた。

第1章 相　続

1　事例解説

　本事例では，農地が特定生産緑地であることから，Aが生産緑地を相続した際に，相続税の納税猶予を受けていた場合，Aの相続税納税猶予は生産緑地の指定告示から30年を経過しても継続するため，当該農地について農業経営の廃止，譲渡，転用等の一定の事由が生じることなくAが死亡すれば，Aが猶予された相続税額は免除される（租特70条の6第39項）。

　相続人全員に農業を続ける意向がないことから，農地を相続したCが相続税を納付するため，特定生産緑地の買取申出の手続をしたところ，区から買い取る旨の通知がなされた事例である。

　実際に，買取申出を行った際に，市町村が買取る例は非常に少ないが，本事例のように公園用地等に利用するために買取る場合もある。

　市町村が，生産緑地を買取りする場合には，生産緑地を時価で買い取ることとされており，生産緑地の時価については市町村と所有者の協議によって決定される。買取価格の協議が整わない場合は，市町村長又は生産緑地所有者から収用委員会に対して裁決申請を行い，手続を経て価格が決定される（生産緑地11条1項，12条3項・4項）。

　買取った生産緑地は，公園や緑地等の用地として整備を行い，市町村において引き続き管理を行う。買取りを行った場合も，市町村において都市計画の変更手続を行い，生産緑地地区の指定を削除する。

〈例・裁決申請書―生産緑地所有者が申請する場合〉

裁決申請書

裁決申請者	住所 氏名	東京都○○市○○丁目○番○号 C
相手方	住所 氏名	東京都○○区○○丁目○番○号 ○○区 　○○区長 　　　○○○○

生産緑地法第12条第3項の規定による協議が成立しないので，下記により，裁決を申請します。

記

1 生産緑地の価額の見積り及びその内訳
 (1) 生産緑地の所在及び地番，地目並びに地積

所在及び地番	地　目	地積（㎡）	
		登記簿上	実　測
○○区○○丁目○番○	畑	500	500

 (2) 生産緑地の価額の見積り及びその内訳

生産緑地の価額（円）	内　訳
172,000,000	単価（円）　面積（㎡） 344,000　×　500.00

2 協議の経過
 (1) 令和○年○月○日　本件生産緑地に係る農林漁業の主たる従事者A死去
 (2) 令和○年○月○日　Aの相続人　C（裁決申請者）は，○○区長に対し，「生産緑地買取申出書」（別紙1）を提出
 (3) 令和○年○月○日　○○区長は，裁決申請者に対し，「生産緑地の買取り意思の有無について（通知）」（別紙2）により時価で買い取る旨を通知
 (4) 令和○年○月○日　○○区は，○○区財産価格審議会に，本件生産緑地の時価に係る「○○区財産価格審議会議案」（別紙7）を付議。同議案は可決
 (5) 令和○年○月○日　○○区担当者は，裁決申請者に対し，本件生産緑地の時価を提示
 (6) 令和○年○月○日　裁決申請者は，○○区担当者に対し，時価の増額を要望
 (7) 令和○年○月○日　○○区担当者は，裁決申請者に対し，時価を増額できない旨説明

裁決申請者は，令和○年○月○日，上記2(2)のとおり，○○区長に対し，生産緑地法（以下「法」という。）第10条の規定により，本件生産緑地を時価で買い取るべき旨を申し出たところ，令和○年○月○日，上記2(3)のとおり，○○区長から，当方に対し，法第12条第1項の規定により，本件生産緑地を時価で買い取る旨が通知された。

その後，上記2(5)のとおり，○○区長から，法第12条第3項の規定による協議として本件生産緑地の時価について提示されたが，上記2(6)から同(7)までのとおり，協議が成立しなかった。

このため，法第12条第4項において準用される第6条第6項の規定により，土地収用法第94条第2項の規定に基づく裁決の申請を行うものである。

令和　　年　　月　　日

　　裁決申請者　　住所　東京都○○区○○丁目○番○号
　　　　　　　　　氏名　　C

東京都収用委員会　御中
添付資料等

（例）
　別紙1　生産緑地買取申出書
　別紙2　生産緑地の買取り意思の有無について（通知）
　別紙3　公図
　別紙4　土地の全部事項証明書
　別紙5　実測図
　別紙6　土地所在図
　別紙7　○○区財産価格審議会議案
　　　　　など

（参考：東京都収用委員会ウェブページ）

2 税　務

上記のとおり，被相続人Aが納税猶予を受けた相続税額は，Aの死亡により免除される。しかし，農地を相続した長男Cは，農業を営む意思がないことから，取得した農地について納税猶予の特例を受けることができず，

相続税の申告・納税が必要となる。

この相続税額の計算については，既に【事例1】において解説した内容と同一であるため，当該箇所を参照されたい。

また，Cがこの農地を売却した場合には，その譲渡益に対して所得税が課される。土地の譲渡に関する譲渡所得及び所得税の計算については，第3編「税務」第3章第1節の5の計算例に記載したものとほぼ同一の内容になるので，当該箇所を参照されたい。

ただし，生産緑地の買取申し出を行い市町村等がこれに応じて買い取ることとなった場合には，この譲渡所得に対しては「特定住宅地造成事業等のために土地等を譲渡した場合」の1,500万円控除が適用できる。（租特34条の2第2項第17号）

この点上記計算例の2,000万円控除と異なっているので注意されたい。

さらに，Cがこの相続について相続税を納税しており，その申告期限から3年内に相続財産である農地の売却を行った場合は，相続税額の取得費加算の特例を適用することができる。この特例適用の計算例については，【事例9】に記載しているので当該箇所を参照されたい。

第7節　1992年1月1日より前に発生した相続の相続税納税猶予

事例7

営農者であるAは，1981年，農地（東京都X区に所在）を相続し，相続税納税猶予制度の適用を受け，相続税の納税を猶予された。相続した農地は1992年に生産緑地の指定を受け，指定告示より30年を経過したが，特定生産緑地の指定を受けていない。

Aは，高齢になったので営農をやめることを決意し，今後は当該農地を宅地に転用し，賃貸マンションを建築し，収益を得たいと考えている。

第1章 相　続

1 事例解説

　本事例においてAが相続した農地は生産緑地であり，生産緑地の廃止がされていないことから，行為制限は存する状態である。すでに，生産緑地地区指定の告示の日から30年の期間が経過していることから，Aは市町村長に対し，買取申出を行うことが可能である。買取申出を行った結果，市町村が買取らず，市町村長によるあっせんも成立しない場合には，買取申出から3か月経過後に行為制限が解除され，賃貸マンションの建築が可能となる。

　1992年以降に開始した相続については，当該生産緑地を相続し，相続税納税猶予制度の適用を受けた相続人が，営農を廃止した場合は，農地等納税猶予税額を納付しなければならない。この場合，猶予されていた相続税額に加え，相続税の申告期限の翌日から納税猶予の期限までの期間の利子税を支払わなければならない。

　しかし，1992年1月1日より前に開始した相続については，平成3年税制改正前の制度が適用されることから，市街化区域内の農地であっても20年間の営農により猶予された相続税の納税が免除される。

　本事例については，1981年に相続税納税猶予制度の適用を受けていることから，Aが営農を廃止した時点では，既に20年営農を続けたことにより，猶予された相続税の納税は免除されている。Aが生産緑地について行為制限の解除を受け，当該土地に収益物件を建築することについて，相続税の納税は問題とならない。

（注）　Aは，旧制度による相続税の免除要件（20年営農継続）を満たしたことにより，猶予されていた相続税の納税を免除されるが，そのためには免除の事由発生後遅滞なく所轄税務署長に対して「相続税の免除届出書」を提出することが必要である。（第3編「税務」第1章第4節1参照）

第8節　生産緑地の追加指定

> **事例8**
> 　Aは，東京都Y市（三大都市圏特定市該当）に所在する山林を所有している。Aは，勤め先を退職し，今後は農業に従事してみたいと考えている。自己の山林を畑とすることで，自ら農業をしながら自給自足の生活を実現し，さらに，固定資産税軽減や，自己の相続について，相続人の相続税の負担を軽くするという農地の税制措置を受けたいと考えている。Y市は三大都市圏特定市に該当する地域であるため，今後生産緑地の指定を受けることを検討している。

1　事例解説

　1991年の生産緑地法改正により，市街化区域農地は，保全する農地（生産緑地）と宅地化する農地とに二分され，都市農地の計画的な保全が図られている。良好な都市環境の形成にとって，都市部の農地の保全は引き続き重要な課題であり，生産緑地法改正時点では生産緑地の指定がされなかったとしても，引き続き生産緑地の追加指定を受け入れている自治体や，2000年12月の都市計画運用指針等の影響で追加指定を認めることとなった自治体も存在する。

　東京都Y市が生産緑地の追加指定を認める自治体であれば，生産緑地の追加指定の申請にあたって，以下の生産緑地要件を満たす必要がある（通常の生産緑地指定要件と同様）。

　①　市街化区域内に所在する農地であること
　②　現に農業の用に供されている農地等であること
　③　公害又は災害の防止，農林漁業と調和した都市環境の保全等良好な生活環境の確保に相当の効用があり，かつ，公共施設等の敷地の用に供する土地として適しているものであること
　④　500㎡以上の規模の区域であること（条例によりその規模を300㎡まで引き下げ可能）

⑤　用排水その他の状況を勘案して農林漁業の継続が可能な条件を備えていると認められるものであり，農業の継続が可能であること（原則として30年間の営農）

⑥　指定する土地に関する権利（所有権，仮登記，賃借権，抵当権，根抵当権等）を有する者（農地利害関係人）全員の同意があること

また，その他に市町村の定める生産緑地地区指定基本方針等により指定要件が定められている場合もある。

生産緑地の追加指定を申請するにあたっては，生産緑地指定と同様に，各自治体に事前相談を行うことが一般的である。手続の流れとして後掲に埼玉県S市の例を示す。

生産緑地に指定されることにより，固定資産税は農地並み課税となり負担が軽減され，次世代での相続税納税猶予制度の適用を受けることも可能となり，税制面でのメリットを享受することとなる。

一方，生産緑地の指定を受けることにより，農地を適正に管理保全しなければならず，原則として30年間は営農を続けることが義務付けられることになる。

生産緑地に指定された場合は，法令で認められている施設あるいは市町村長が許可する一定の農業用施設等を除き，建築物その他の工作物の新築・改築，宅地の造成等の行為は厳しく制限される。市町村長は，行為制限に違反した土地所有者等に対して，相当の期限を定めて，必要な限度において原状回復を命じることができ，原状回復が著しく困難な場合は必要な代替措置を命じることができるとされている。

第8節　生産緑地の追加指定

〈生産緑地地区の追加指定の流れ〉

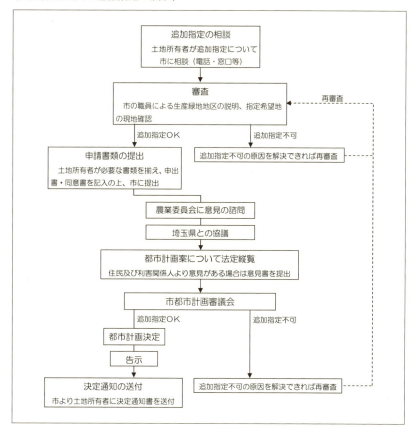

第2章 売買

第1節 市街化区域内農地を宅地転用のために売却する場合

> **事例9**
> 区内全域が市街化区域に指定されているX区にある農地（生産緑地には指定されていない。）の所有者Aは，相続税の納付資金を調達するため，宅地造成を行う開発業者Bとの間で，当該農地を売却することとした。

1 農地法の許可の要否

　農地の売買による所有権移転については，農地法所定の許可を得ることが，当該所有権移転にかかる契約（売買契約等）の有効要件となっているが，市街化区域内における農地の宅地転用の場合については，農地法所定の許可を得ることは不要とされており，事前に管轄の農業委員会に届出を行うことで足りる。

　所有権移転登記を行う際には，届出受理通知書が農地法の許可証に代わる添付書類（第三者の許可等証明情報）となる。

2 書式例

　登記原因証明情報例は以下となる。

〈例・登記原因証明情報 —— 市街化区域内農地を宅地転用のために売却する場合〉

登記原因証明情報
1．登記申請情報の要項 　(1)　登記の目的　　　所有権移転 　(2)　登記の原因　　　令和○年○月○日　売買 　(3)　当　事　者 　　　　　権利者　　　　株式会社B 　　　　　義務者　　　　A 　(4)　不　動　産　　　（不動産の表示）

第1節 市街化区域内農地を宅地転用のために売却する場合

> 2．登記の原因となる事実又は法律行為
> (1) 本件不動産は，農地である。
> (2) Aは，株式会社Bとの間で，令和○年△月△日，(※1) 宅地に転用する目的で，その所有する本件不動産を売り渡す旨の契約を締結した。
> (3) (2)の売買契約には，農地法所定の届出を行うことおよび売買代金全額の支払いを条件として所有権が移転する旨の特約が付されている。
> (4) 令和○年○月△日，(※2) 農地法第5条所定の届出を行い，令和○年○月○日，(※3) 受理通知書が到達した。
> (5) 令和○年○月○日，株式会社Bは，Aに対し，(2)の売買代金全額を支払い，Aはこれを受領した。
> (6) よって，同日，本件不動産の所有権は，Aから株式会社Bに移転した。
>
> 令和○年○月○日　東京法務局○○出張所　御中
>
> 上記の登記原因のとおり相違ありません。
>
> 　　　　　　　　　　（当事者の表示）

（※1）　Aと株式会社Bの売買契約日を記載する。
（※2）　農地法5条の届出日を記載する。
（※3）　農地法5条の届出受領通知日を記載する。

〈例・登記申請書〉

> 　　　　　　　　　登　記　申　請　書
>
> 登記の目的　　所有権移転
> 原　　　因　　令和○年○月○○日売買
> 権　利　者　　○○県□□市△△町○○番地○
> 　　　　　　　　株式会社B
> 　　　　　　　　（会社法人等番号○○○○－○○－○○○○○○）
> 　　　　　　　　代表取締役　　○○　○○
> 義　務　者　　東京都○○区□□五丁目○○番○号
> 　　　　　　　　A
> 添付書面　　登記識別情報　　登記原因証明情報　　許可承諾情報
> 　　　　　　　印鑑証明書　　住所証明情報　　代理権限証明情報
> 　　　　　　　会社法人等番号又は資格証明書
> 令和○年○月○○日申請　東京法務局○○出張所
> 代　理　人　　東京都□□区▲▲一丁目○○番○号
> 　　　　　　　　司法書士　　○○　○○

第2章 売　買

```
                電話番号　○○-○○○○-○○○○
課税価格　　　金○○円※①
登録免許税　　金○○円※②
不動産の表示
　　所　　在　　○○区□□五丁目
　　地　　番　　101番
　　地　　目　　畑
　　地　　積　　1000㎡
```

※①　固定資産評価額（1000円未満切り捨て）
※②　課税価格の1000分の15（100円未満切り捨て）
　　　（租税特別措置法第72条第1項による軽減がある場合）

3 税　務

本事例における譲渡所得金額及び所得税額は次のとおり計算される。

なお，この農地の相続に係る取得財産額，相続税額等は【事例1】における設例と同一とし，以下に必要な部分のみを再掲する。

A（事例1の長男C）の取得した農地（畑）の課税価格	135,000,000円
A　　　　　　の取得した純資産の課税価格	375,600,000円
A　　　　　　の負担した債務（借入金）の額	60,000,000円
A　　　　　　の納税した相続税の額	98,798,600円

この農地の売却額は1億2千万円，譲渡費用は300万円，取得価額は不明であり，被相続人はこの農地を5年以上所有していたものと仮定する。また，売却はこの農地に係る相続税の申告期限の翌日から3年以内に行われたものとする。

（円）

売却額			120,000,000
取得費			
概算取得費	120,000,000×5％	6,000,000	
相続税額の取得	98,798,600×135,000,000/	30,619,400	36,619,400

費加算額	(375,600,000＋60,000,000)		
譲渡費用			3,000,000
譲渡所得	120,000,000－36,619,400－3,000,000		80,380,000
所得税・住民税額※	80,380,000×(15.315%＋5%)		16,329,100

※ 復興特別所得税（基準所得税の2.1%）を含む。

相続税額の取得費加算の特例の適用を受けるためには，確定申告書に相続財産の取得費に加算される相続税の計算明細書及び譲渡所得の内訳書を添付して提出することが必要である。

この売却による手残り額は，売却額120,000,000－譲渡費用3,000,000－所得税等16,329,100＝100,670,900円である。

第2節　指定から30年経過した生産緑地を売却する場合（非特定生産緑地）

事例10

生産緑地に指定されている農地の所有者Aは，1992年に生産緑地の指定を受けた農地の一部について，高齢となったので農業規模を縮減することを理由に，特定生産緑地に指定することを希望しなかった。既に生産緑地指定から30年が経過したことから，特定生産緑地指定を受けなかった農地について，買取申出を行うことにした。

1　事例解説

当該農地は，指定からすでに30年を経過していることから，営農を継続しない場合には，生産緑地の所有者は市町村に対して買取申出することが可能となる。

まずは，市区町村に対し，買取申出を行い，申出を受けた市区町村は，買取申出を受けてから1か月以内に，申出人に対し，買取りの可否を通知する。市区町村による買取りがされるケースは全体の1パーセントにも満

たずごく少数であることから[1]，実際には，99パーセント以上の生産緑地が指定解除され，譲渡や宅地転用等がされている。

今回の事例においても，買取申出を行った後，買取しない旨の通知を受け，行為制限が解除された農地を，宅地転用するために売却するというのが，一般的な流れとなる。

なお生産緑地買取申出書のひな形については，171頁を参照。

❷ 農地法5条の届出

当該生産緑地の行為制限が解除されても，依然として農地であるため，農地法所定の手続が必要となる。

生産緑地の指定されている農地は，市街化区域内農地であるため，農地法5条による転用手続を行う場合は，管轄の農業委員会に対し，事前に届出を行うことで足りる。

所有権移転登記を行う際には，届出受理通知書が農地法の許可証に代わる添付書類（第三者の許可等証明情報）となる。

〈例・農地法第5条第1項第6号の規定による農地転用届出書〉

```
様式例第4号の9

      農地法第5条第1項第6号の規定による農地転用届出書

                                          年   月   日
   農業委員会会長   殿
                           譲受人  氏名
                           譲渡人  氏名
    下記のとおり転用のため農地（採草放牧地）の権利を設定（移転）したい
   ので，農地法第5条第1項第6号の規定により届け出ます。

                          記
```

[1] 静岡市【令和5年度 地方分権改革提案】「生産緑地法と公拡法の重複手続の合理化」（国土交通省作成「公有地の拡大の推進に関する法律第2章実施状況調査（令和3年度）」から抜粋し，静岡市が編集）（2023年）7頁

第3節　農業振興地域の農用地区域ではない市街化調整区域内農地を売買する場合

1　当事者の住所等	当事者の別	氏　　名	住　　　　所				
	譲受人						
	譲渡人						
2　土地の所在等	土地の所在	地　番	地　目	面　積	土地所有者		耕作者	
			登記簿	現　況		氏　名	住　所	氏　名	住　所
	計		㎡（田	㎡　畑	㎡　採草放牧地	㎡）		
3　権利を設定し又は移転しようとする契約の内容	権利の種類	権利の設定，移転の別	権利の設定，移転の時期	権利の存続期間	その他		
4　転用計画	転用の目的						
	転用の時期	工事着工時期					
		工事完了時期					
	転用の目的に係る事業又は施設の概要						
5　転用することによって生ずる付近の農地，作物等の被害の防除施設の概要							

※（別紙1）（別紙2）省略
（出典：平21・12・11付経営第4608号・21農振第1599号農林水産省経営局長・農林水産省農村振興局長通知「農地法関係事務処理要領の制定について」（最終改正：令6・3・28付5経営第3124号・5農振第3094号）

第3節　農業振興地域の農用地区域ではない市街化調整区域内農地を売買する場合

事例11

　A市の市街化調整区域内農地（農業振興地域の農用地区域ではない。）の所有者Xは，営農者であったが，足の怪我をきっかけに，自らの所有する農地の一部が休耕状態となっていた。
　近所の営農者Yが，「せっかくの農地なのでぜひ自分に譲ってほしい」と申し出てくれたことから，XはYに当該農地の売却をしたいと思っている。

第2章 売 買

1 農地法3条の許可

　本事例では，市街化区域内農地を売買で取得するYも，営農者であり，当該農地を農地として利用することから，農地を農地のまま売却することになるので，当該売買契約による権利移動は，農地法3条の許可を得ることを要する。

　農地法3条許可の申請書の受理から，許可書交付までの期間は，自治体によって異なり，毎月25日締めで翌月5日に許可書を交付する自治体もある。事務処理要領別紙1の第1の3において，標準的な事務処理期間を4週間と定めていることから，[2] 約1か月かかることを見込んでおくとよい。

　本事例では，12月中に売却をしたいというXの希望があることから，許可書到達前に売買代金の決済を行うため，農地法3条の許可を条件とした仮登記を行うことをYと合意した。

2 仮登記

　本事例では，許可書到達前に売買代金の決済を行うため，農地法3条の許可を条件とした仮登記を行うことをYと合意していることから，当事者双方によって，条件付所有権移転仮登記（不登法105条2号）の申請を行う。

　本事例の仮登記申請における登記原因は「農地法3条の許可」とする。なお，農地法の許可を得た後に，売買代金を完済するような場合については，「農地法3条の許可及び売買代金完済」と記載してもよい。

　また，農地法3条の許可書が到達し，条件が成就した場合には，仮登記権利者であるYを権利者，元の所有者Xを義務者として，仮登記の本登記を申請することで，XからYへ売買による所有権移転を公示することができる。あくまで仮登記は順位保全効を有するのみなので，農地法3条の許可書到達後に本登記を行っていない場合は，売買による所有権移転の効力が発生していることは公示されていないことに注意を要する。

（仮登記の申請については，第2編第3章第2節も参照されたい）

---

[2] 令3・8・10付3経営第1330号農林水産省経営局農地政策課長「農地法第3条第1項の許可事務の迅速化及び簡素化について」

第3節　農業振興地域の農用地区域ではない市街化調整区域内農地を売買する場合

3　書式例

①〈例・農地法第3条の規定による許可書〉

様式例第1号の1

農地法第3条の規定による許可申請書

令和〇〇年〇月〇日

農業委員会会長　殿

当事者
〈譲渡人〉　　　　　　　　　　　　　　〈譲受人〉
　住所　　　　　　　　　　　　　　　　　住所
　氏名　　X　　　　　　　　　　　　　　氏名　　Y

下記農地（採草放牧地）について {㊇所有権／賃借権／使用貸借による権利／その他使用収益権（　　）} を {設定（期間〇〇年間）／㊇移転}

したいので、農地法第3条第1項に規定する許可を申請します。（該当する内容に〇を付してください。）

記

1　当事者の氏名等（国籍等は、所有権を移転する場合に譲受人のみ記載してください。）

当事者	氏名	年齢	職業	住所	国籍等	在留資格又は特別永住者
譲渡人	X	62	農家			
譲受人	Y	48	農家			

2　許可を受けようとする土地の所在等（土地の登記事項証明書を添付してください。）

199

第2章 売買

所在・地番	地目		面積（㎡）	対価，賃料の額（円）10a当たりの額	所有者の氏名又は名称現所有者の氏名又は名称（登記簿と異なる場合）	所有権以外の使用収益権が設定されている場合	
	登記簿	現況				権利の種類，内容	権利者の氏名又は名称

3　権利を設定し，又は移転しようとする契約の内容

（以下，様式例として掲載）

農地法第3条の規定による許可申請書（別添）

Ⅰ　一般申請記載事項
〈農地法第3条第2項第1号関係〉
1-1　権利を取得しようとする者又はその世帯員等が所有権等を有する農地及び採草放牧地の利用の状況

		農地面積（㎡）	田	畑	樹園地	採草放牧地面積（㎡）	
所有地	自作地						
	貸付地						

		所在・地番	地目		面積（㎡）	状況・理由
			登記簿	現況		
	非耕作地					

		農地面積（㎡）	田	畑	樹園地	採草放牧地面積（㎡）
所有地以外の土地	借入地					
	貸付地					

		所在・地番	地目		面積（㎡）	状況・理由
			登記簿	現況		
	非耕作地					

1-2　権利を取得しようとする者又はその世帯員等の機械の所有の状況，

第3節　農業振興地域の農用地区域ではない市街化調整区域内農地を売買する場合

農作業に従事する者の数等の状況
(1) 作付（予定）作物，作物別の作付面積

	田	畑	樹園地	採草放牧地
作付（予定）作物				
権利取得後の面積（㎡）				

(2) 大農機具又は家畜

数量＼種類				
確保しているもの 所有 リース				
導入予定のもの 所有 リース				
資金繰りについて				

(3) 農作業に従事する者
　① 権利を取得しようとする者が個人である場合には，その者の農作業経験等の状況
　　　農作業歴　　年，農業技術修学歴　　年，その他（　　　　　　　　）

② 世帯員等その他常時雇用している労働力（人）	現在：	（農作業経験の状況：　　　）
	増員予定：	（農作業経験の状況：　　　）
③ 臨時雇用労働力（年間延人数）	現在：	（農作業経験の状況：　　　）
	増員予定：	（農作業経験の状況：　　　）

　④ ①～③の者の住所地，拠点となる場所等から権利を設定又は移転しようとする土地までの平均距離又は時間

〈農地法第3条第2項第2号関係〉（権利を取得しようとする者が農地所有適格法人である場合のみ記載してください。）

第2章 売　買

2　その法人の構成員等の状況（別紙に記載し，添付してください。）

〈農地法第3条第2項第3号関係〉
3　信託契約の内容（信託の引受けにより権利が取得される場合のみ記載してください。）

〈農地法第3条第2項第4号関係〉
4　権利を取得しようとする者又はその世帯員等のその行う耕作又は養畜の事業に必要な農作業への従事状況
　（「世帯員等」とは，住居及び生計を一にする親族並びに当該親族の行う耕作又は養畜の事業に従事するその他の2親等内の親族をいいます。）

農作業に従事する者の氏名	年齢	主たる職　業	権利取得者との関係（本人又は世帯員等）	農作業への年間従事日数	備　考

〈農地法第3条第2項第5号関係〉
5　（省略）
〈農地法第3条第2項第6号関係〉
6　周辺地域との関係
　　権利を取得しようとする者又はその世帯員等の権利取得後における耕作又は養畜の事業が，権利を設定し，又は移転しようとする農地又は採草放牧地の周辺の農地又は採草放牧地の農業上の利用に及ぼすことが見込まれる影響を以下に記載してください。
　　（例えば，集落営農や経営体への集積等の取組への支障，農薬の使用方法の違いによる耕作又は養畜の事業への支障等について記載してください。）

（出典：平21・12・11付経営第4608号・21農振第1599号農林水産省経営局長・農林水産省農村振興局長通知「農地法関係事務処理要領の制定について」（最終改正：令6・3・28付5経営第3124号・5農振第3094号）

第3節　農業振興地域の農用地区域ではない市街化調整区域内農地を売買する場合

② 〈例・登記原因証明情報 ── 条件付所有権移転仮登記〉

登記原因証明情報

1．登記申請情報の要項
　(1)　登記の目的　　条件付所有権移転仮登記
　(2)　登記の原因　　令和○年○月○日　売買
　　　　　　　　　　（条件　農地法第3条の許可）
　(3)　当　事　者
　　　　　権利者　　Y
　　　　　義務者　　X
　(4)　不　動　産　（不動産の表示）
2．登記の原因となる事実又は法律行為
　(1)　本件不動産の地目は畑であり，農地である。
　(2)　XはYに対し，令和○年○月○日，(※1) 本件不動産を売却した。
　(3)　(2)の売買契約には，本件不動産の所有権は売買代金の支払いが完了した時にYに移転する旨の所有権移転時期に関する特約が付されている。
　(4)　Yは，Xに対し，令和○年○月△日，売買代金全額を支払い，Xは，これを受領した。
　(5)　(2)の売買については，農地法第3条の許可を得ていない。
　(6)　XとYは，農地法第3条の許可を条件として，上記内容の条件付所有権移転仮登記をすることに合意した。
　令和○年○月△日　○○地方法務局□□出張所　御中
　上記の登記原因のとおり相違ありません。

　　　　　　　　　　　　　　　（当事者の表示）

(※1)　XとYの売買契約日を記載する。

③ 〈例・登記原因証明情報 ── 仮登記の本登記〉

登記原因証明情報

1．登記申請情報の要項
　(1)　登記の目的　　2番仮登記の所有権移転本登記
　(2)　登記の原因　　令和○年○月○日　売買
　(3)　当　事　者
　　　　　権利者　　Y

203

第2章 売　買

　　　　義務者　　X
(4)　不　動　産　　（不動産の表示）
2．登記の原因となる事実又は法律行為
(1)　本件不動産は，農地である。
(2)　XはYに対し，令和○年○月○日，(※1)本件不動産を売却した。
(3)　(2)の売買契約には，本件不動産の所有権は売買代金の支払いが完了した時にYに移転する旨の所有権移転時期に関する特約が付されている。
(4)　Yは，Xに対し，令和○年○月△日，売買代金全額を支払い，Xは，これを受領した。
(5)　上記売買に基づき，農地法第3条の許可を条件とする条件付所有権移転仮登記がされている（令和○年○月△日受付第12345号）(※2)。
(6)　令和7年1月10日，(※3)Yに対し，本件売買について，農地法第3条の許可書の到達があった。
(7)　よって，本件不動産の所有権は，同日，XからYに移転した。

令和○年△月△日　　○○地方法務局□□出張所　御中

　上記の登記原因のとおり相違ありません。

　　　　　　　　　　　　　　　　（当事者の表示）

(※1)　XとYの売買契約日を記載する。
(※2)　農地法3条の許可書記載の許可日を記載する。
(※3)　農地法3条の許可書到達日を記載する。

〈例・仮登記申請書〉

```
　　　　　　　　　　　登　記　申　請　書

登記の目的　　条件付所有権移転仮登記
原　　　因　　令和○年○月○日売買
　　　　　　　（条件　農地法第3条の許可）
権　利　者　　○○県□□市△△町　100番地2
　　　　　　　　　　Y
義　務　者　　○○県□□市△△町　101番地1
　　　　　　　　　　X
添 付 書 面　　登記原因証明情報　　印鑑証明書　　代理権限証書
令和○年○月△日申請　○○地方法務局□□出張所
```

第3節　農業振興地域の農用地区域ではない市街化調整区域内農地を売買する場合

```
代　理　人　　○○県□□市▲▲○丁目○番地○
　　　　　　　　　司法書士　○○　○○
　　　　　　　　　電話番号　○○－○○○○－○○○○
課税価格　　　金○○円（※1）
登録免許税　　金○○円（※2）
不動産の表示
　　所　　在　　○○市□□字△
　　地　　番　　101番
　　地　　目　　畑
　　地　　積　　859㎡
```

（※1）　固定資産評価額（1000円未満切り捨て）
（※2）　固定資産評価額の1000分の10（100円未満切り捨て）

〈例・仮登記本登記申請書〉

```
　　　　　　　　登　記　申　請　書

登記の目的　　2番仮登記の所有権移転本登記
原　　　因　　令和○年△月△日売買
権　利　者　　○○県□□市△△町　100番地2
　　　　　　　　　Y
義　務　者　　○○県□□市△△町　101番地1
　　　　　　　　　X
添付書面　　　登記識別情報　　登記原因証明情報
　　　　　　　印鑑証明書　　住所証明書　　代理権限証書
令和○年△月△日申請　　○○地方法務局□□出張所
代　理　人　　○○県□□市▲▲○丁目○番地○
　　　　　　　　　司法書士　○○　○○
　　　　　　　　　電話番号　○○－○○○○－○○○○
課税価格　　　金○○円（※1）
登録免許税　　金○○円（※2）
不動産の表示
　　所　　在　　○○市□□字△
　　地　　番　　101番
　　地　　目　　畑
　　地　　積　　859㎡
```

（※1）　固定資産評価額（1000円未満切り捨て）
（※2）　固定資産評価額の1000分の10（100円未満切り捨て）

第2章 売買

第4節 農業振興地域の農用地区域ではない市街化調整区域内農地を宅地として売買する場合

> **事例12**
>
> 　A市の市街化調整区域内農地（農業振興地域の農用地区域ではない）の所有者Xは，営農者であったが，足の怪我をきっかけに，自らの所有する農地の一部が休耕状態となっていた。
> 　この度，特定の区域一帯に存する自らの農地を，処分したいと考えていたところ，近隣の不動産業を営む株式会社Yの担当者が，ぜひ当該農地を購入して，住宅用地にしたいと申し出てきたことから，親から引き継いだ農地の売却を決意した。
> 　Xと不動産会社Yは，売買契約を締結し，不動産会社Yは，宅地造成後の住宅用地の買主が決定してからXに対し代金の支払等を行う旨を確認した。
> 　A市は，一定の区域内での宅地造成については，所定の要件を満たすことにより，開発許可を得ることができるとする条例があり，今回の宅地造成については，開発許可を得ることが可能であった。
> 　後日，Zが当該住宅用地を購入することが決まり，XからZに対し，登記名義の移転を行うこととなった。

1　必要な手続

　市街化調整区域内農地を宅地として売買する場合に，必要な手続として①都市計画法29条所定の開発許可，②農地法5条所定の転用許可がある。
　市街化調整区域内は，原則全ての開発行為（建築物の建築，第1種特定工作物（コンクリートプラント等）の建設，第2種特定工作物（ゴルフコース，1ヘクタール以上の墓園等）の建設を目的とした「土地の区画形質の変更」）について，開発許可が必要となる。市街化調整区域内農地については，権利の移転や転用については，原則農地法の許可が必要となる。
　また，本事例のように，農地を住宅用地として売却するためには，都市

計画法29条所定の開発許可及び農地法5条所定の農地転用許可が必要となる。

2 許可の態様

　一般的に，農業振興地域の農用地区域ではない市街化調整区域内の農地については，既存宅地などの例外を除くと，原則として，宅地造成を行い建売住宅の建設を行うことにつき，開発許可を得ることができないとされていることから，農地法5条の許可を得ることはできないと考えられるが，市町村によって，個別に条例で定めた区域等で一定の要件を満たすことにより，開発許可を得ることができる場合がある[3]。

　本事例に該当する場合は，都市計画法29条の開発許可と農地法の転用許可を同時に受ける必要があり，このような申請があった場合は開発許可と農地転用許可のそれぞれの許可権者は相互に連携すべきものとされている[4]。

　本事例のようなケースでは，Xと株式会社Yはあらかじめ，第三者のためにする特約の付された売買契約を締結し，株式会社Yは，売買代金全額の支払までに，当該土地の所有権移転先となる者を指定するものとし，Xは当該土地の所有権を，株式会社Yが指定する者に対し買主の指定及び売買代金全額の支払を条件として，直接移転するものとしている。

　農業委員会によっては，宅地造成を行う業者等（Y株式会社）ではなくいわゆるエンドユーザー（Z）の名義で都市計画法29条の開発許可と農地法の転用許可を同時に受けるべきとする場合もある。

　このような場合には，第三者のためにする特約の付された売買契約を行うことで，開発許可及び農地転用許可をZ名義で取得し，登記名義もXからZに直接移転する形式を採用する。

　また，都市計画法29条所定の開発許可及び農地法5条所定の農地転用許可の両方を受けることを所有権移転の条件とすることが実務上多くみられる。

---

[3] 一般財団法人都市農地活用支援センター編『ケース別　農地の権利移動・転用可否判断の手引』（新日本法規出版，2017年）109頁

[4] 昭44・10・22付44農地B第3177号農林省農地局長，建設省計画局長「開発許可等と農地転用許可との調整に関する手続き等について」

第2章 売　買

　また，農業委員会によっては，あらかじめZを権利者とする仮登記を行うことを農地法5条の許可要件とするところもあるので，各農業委員会所定の要件や様式を確認し，対応する必要がある。

3 登記手続

　本事例では，売買契約の内容として，「不動産会社Yは，宅地造成後の住宅用地の買主が決定してからXに対し代金の支払等を行う旨」が定められていることから，Xと株式会社Yはあらかじめ，第三者のためにする特約の付された売買契約を締結し，株式会社Yは，売買代金全額の支払までに，当該土地の所有権移転先となる者を指定するものとし，Xは当該土地の所有権を，株式会社Yが指定する者に対し買主の指定及び売買代金全額の支払を条件として，直接移転するものとしている。

　第三者のためにする契約による所有権移転登記では，現在の登記名義人Xから最終の取得者Zに直接登記名義を移転するが，株式会社Yにおいても，登記原因証明情報への記名押印が必要となる点に注意を要する（後掲4「書式」及び※4参照）。

　また，株式会社Yは不動産会社であり，農業を行う法人ではないことから，農地法の許可を得ることはできないので，最終取得者であるZにおいて，農地法の許可を取得し，当該許可書を用いて所有権移転登記を行う。

　なお，代金支払時においても，農地法の許可が得られていない場合には，農地法の許可の到達した日が所有権移転の日となる。

4 書式例

　登記原因証明情報例は以下となる。

〈例・登記原因証明情報 ── 農業振興地域の農用地区域ではない市街化調整区域内農地を宅地として売買する場合〉

登記原因証明情報
1．登記申請情報の要項

第4節　農業振興地域の農用地区域ではない市街化調整区域内農地を宅地として売買する場合

　(1)　登記の目的　　　所有権移転
　(2)　登記の原因　　　令和○年○月○日　売買
　(3)　当　事　者
　　　　　　権利者　　　Z
　　　　　　義務者　　　X
　　　売買契約の買主　　株式会社Y
　(4)　不　動　産　　　（不動産の表示）

２．登記の原因となる事実又は法律行為
　(1)　本件不動産は，農地である。
　(2)　Xは，株式会社Yとの間で，令和○年△月△日，(※1) 宅地に転用する目的で，その所有する本件不動産を売り渡す旨の契約を締結した。
　(3)　(2)の売買については，農地法第5条の許可を得ていない。
　(4)　(2)の売買契約には，「株式会社Yは，売買代金全額の支払までに本件不動産の所有権の移転先となる者を指名するものとし，Xは，本件不動産の所有権を株式会社Yの指定する者に対し，株式会社Yの指定及び売買代金全額の支払を条件として直接移転することとする。」旨の所有権の移転先及び移転時期に関する特約が付されている。
　(5)　令和○年△月○日，(※2) 株式会社Yは，本件不動産の所有権の移転先としてZを指定した。
　(6)　同日，ZはXに対し，本件不動産の所有権の移転を受ける旨の意思表示をした。
　(7)　令和○年○月△日，(※3) 農地法第5条の許可を得，令和○年○月○日，(※4) 許可書が到達した。
　(8)　令和○年○月○日，株式会社Yは，Xに対し，(2)の売買代金全額を支払い，Xはこれを受領した。
　(9)　よって，同日，本件不動産の所有権は，XからZに移転した。

令和○年○月○日　B地方法務局A出張所　御中

上記の登記原因のとおり相違ありません。

　　　　　　　　　　　　　　　（当事者の表示(※5)）

（※1）　Xと株式会社Yの売買契約日を記載する。
（※2）　株式会社YとZの売買契約日を記載する。
（※3）　農地法5条の許可書記載の許可日を記載する。

第2章 売買

(※4) 農地法5条の許可書到達日を記載する。
(※5) X，株式会社Y，Zそれぞれの記名押印が必要となる。

第3章 農地の贈与

第1節 生産緑地を贈与し，贈与税納税猶予制度の適用を受ける場合

> **事例13**
>
> 　生産緑地に指定された農地を所有し，営農しているAは，75歳を迎え，そろそろ一緒に営農を行っている長女Bに農業経営の全てを譲りたいと考えている。
> 　そこで，所有している生産緑地についても，長女Bに贈与する予定である。
> 　なお，今年中に他に贈与している財産はない。

1　事例解説

　本事例は，営農者である農地の所有者Aが，営農者である推定相続人長女Bに生前にその所有する農地の全てを贈与する事例である。

　生産緑地を贈与する場合は，一般農地と同様に，贈与による権利移動について，農地法3条の許可が必要となる。農地法3条の許可を得ないでした贈与は無効となる。許可の取得については，一般農地と同様に，農地のある市町村の農業委員会に対し，農地法3条の許可申請を行い，受贈者が許可証の到達を受けることによって，贈与の効力が発生する。

　本事例は，推定相続人である営農者のBへの贈与であることから，贈与税納税猶予の特例の適用を受けることができる。

〈例・登記原因証明情報〉

登記原因証明情報

1．登記申請情報の要項
　(1)　登記の目的　　所有権移転
　(2)　登記の原因　　令和○年○月○日　贈与

第3章　農地の贈与

(3)　当事者
　　　権利者　　B
　　　義務者　　A
(4)　不動産（不動産の表示）
2．登記の原因となる事実又は法律行為
(1)　本件不動産は農地である。
(2)　令和○年○月△日，Aは，Bに対し，本件不動産の所有権を贈与する旨の意思表示をし，同日，Bは当該意思表示を受領した。
(3)　令和○年○月○日，Bに対し，本件贈与について，農地法3条の許可証の到達があった。
(4)　よって，同日，本件不動産の所有権は，AからBに移転した。

令和○年○月○日　東京法務局○○出張所　御中

上記の登記原因のとおり相違ありません。

（当事者の表示）

〈例・登記申請書〉

```
　　　　　　　　　　　登　記　申　請　書

登記の目的　　所有権移転
原　　　因　　令和○年○月○○贈与
権　利　者　　東京都○○区□□五丁目○○番○号
　　　　　　　　　　　B
義　務　者　　東京都○○区□□五丁目○○番○号
　　　　　　　　　　　A
添付書面　　　登記識別情報　　登記原因証明情報　　許可承諾情報
　　　　　　　印鑑証明書　　　住所証明情報　　　　代理権限証明情報
令和○年○月○○日申請　東京法務局○○出張所
代　理　人　　東京都□□区▲▲一丁目○○番○号
　　　　　　　　司法書士　　○○　○○
　　　　　　　　電話番号　　○○-○○○○-○○○○
課税価格　　　金○○円※①
登録免許税　　金○○円※②
```

第1節　生産緑地を贈与し，贈与税納税猶予制度の適用を受ける場合

```
不動産の表示
   所　　　在　　○○区□□五丁目
   地　　　番　　101番
   地　　　目　　畑
   地　　　積　　1000㎡
```

※①　固定資産評価額（1000円未満切り捨て）
※②　課税価格の1000分の20（100円未満切り捨て）

2 税　務

事例13のケースにおいて，Aが高齢となったため，その所有する農地の全てを農業後継者である長女B（推定相続人）に生前に贈与した場合，贈与税の額及び納税猶予の額は下表のとおり計算される。

生産緑地の面積は1,000㎡，相続税評価額は275,000,000円と仮定する。
また，他に同年中に贈与した財産はないと仮定する。

		（円）
農地（生産緑地）の相続税評価額		275,000,000
地積規模の大きい宅地の評価	275,000,000×78%※	214,500,000
生産緑地に係る補正	214,500,000×85%	182,325,000
	（特定生産緑地の指定から1年を経過と仮定）	
贈与税の基礎控除額		1,100,000
贈与税の課税標準額	182,325,000－1,100,000	181,225,000
贈与税額	181,225,000×55%－6,400,000	93,273,700

※　規模格差補正率＝（1,000×0.9＋75）／1,000×0.8

上記の贈与税の全額が納税猶予の特例の対象となる。
この納税猶予の特例の適用を受けるためには，贈与税の申告書に「農地等の贈与税の納税猶予税額の計算書」，農業委員会による適格証明書等一定の書類を添付して，申告期間内に提出するとともに，納税猶予税額及び

利子税の額に見合う担保を地供する必要がある。

　なお，贈与者又は受贈者が死亡した場合には，「贈与税の免除届出書」を所轄の税務署に提出することで，納税猶予を受けた贈与税は免除される。

第4章 その他の原因による所有権移転

第1節 農地共有者の持分放棄

事例14

被相続人Aの相続人B，C，Dは，それぞれ持分3分の1ずつ，被相続人Aの所有していた農地を法定相続した。

被相続人Aの財産は，不動産，預貯金等全て法定相続分によりそれぞれが取得したが，Bは農地について，自己の持分を放棄したいと考えている。

1 持分放棄の可否

本事例は，農地をB，C，D3人で共有しているケースである。共有の法的性質については「各共有者は1個の所有権が一定の割合において制限しあって，その内容の総和が1個の所有権の内容と均しくなっている状態である[5]」とされ，不動産の共有持分についても，持分権利者においてその権利を自由に処分することができる。また，民法255条において，「共有者の一人が，その持分を放棄したとき…は，その持分は，他の共有者に帰属する」と規定されていることから，不動産の共有者のうちの1人が持分放棄をした場合には，放棄された持分は他の共有者が取得する。

農地について，共有持分を他の共有者に帰属させる方法で処分させる場合は，共有持分を他の共有者に，売買，贈与等で譲渡する，共有物分割を行う，又は，共有持分の放棄によることが検討される。農地についても，自己の共有持分を放棄することは農地以外の土地の共有持分と同様に認められ，当該持分放棄については，農地法の許可を得ることを要しない[6]。

---

[5] 藤原勇喜『不動産の共有と更正の登記をめぐる理論と実務』（日本加除出版，2019年）72頁
[6] 昭23・10・4民事甲3018号民事局長通達

2　持分放棄の手続

　売買，贈与等による共有持分の譲渡の場合は，持分を譲渡する共有者と持分を譲り受ける共有者が売買や贈与などの契約をし，当該契約について農地法の許可を得て，持分（全部）移転登記を行う。

　共有物分割は，共有者全員の合意により，各共有者の持分について，持分の売買や交換といった方法により行われることから，当該法律行為について，農地法の許可を得ることが必要である[7]。

　一方，共有持分の放棄による場合には，持分放棄自体は，単独行為であることから，他の共有者に対し，放棄の意思表示をすることで，当然にその共有持分は，他の共有者に帰属することから，農地法の許可を要せず効力が生じ，持分移転登記を行うことが可能となる。

3　課税上の取扱い

　相続税法基本通達は，9-12（共有持分の放棄）において，次のように定めている。

　「共有に属する財産の共有者の1人が，その持分を放棄したとき，又は死亡した場合においてその者の相続人がないときは，その者に係る持分は，他の共有者がその持分に応じ贈与又は遺贈により取得したものとして取り扱うものとする。」

　したがって，この事例の場合，持分を放棄したB以外の共有者であるC及びDに対して贈与税が課されることになる。

　共有に係る農地の価額が3,000万円であったとすれば，B，C，D各人の共有持分の金額は，3,000万円×1/3＝1,000万円である。

　Bが共有持分を放棄したとき，その持分額1,000万円は，C及びDがその持分1/3対1/3（すなわち1対1）の割合で取得したものとされるので，各人の取得額は1,000万円×1/2＝500万円である。

　同年中に他の贈与がないと仮定すれば，C及びDの贈与税の課税価格は，

---

[7] 昭41・11・1民事甲2979号民事局長回答

500万円－110万円（贈与税の基礎控除額）＝390万円である。

また，贈与税額は，

390万円×20％－25万円＝53万円である。

4　書式例

〈例・持分放棄証書〉

持分放棄証書

　　　　　　　　　　　　　　　　　　　　　　　令和〇年〇月〇日

　C　様
　D　様

　　　　　　　　（住　所）　〇〇市〇〇町〇丁目〇番〇号
　　　　　　　　（氏　名）　　B

　私は，後記不動産につき貴殿らと後記のとおり共有で所有しているところ，本日，私の有する持分全部を放棄いたします。

（不動産の表示）

　　　所　　在　　　〇〇区〇〇町〇丁目
　　　地　　番　　　〇〇〇番〇
　　　地　　目　　　畑
　　　地　　積　　　102平方メートル
　　　　　　　　　　持分3分の1　　B
　　　　　　　　　　持分3分の1　　C
　　　　　　　　　　持分3分の1　　D

〈例・登記原因証明情報――持分放棄〉

登記原因証明情報

1．登記申請情報の要項
　(1)　登記の目的　　　B持分全部移転
　(2)　登記の原因　　　令和〇年〇月〇日　持分放棄
　(3)　当　事　者

第4章　その他の原因による所有権移転

```
　　　　　　権　利　者　　　持分6分の1　　C
　　　　　　　　　　　　　　　　　6分の1　　D
　　　　　　義　務　者　　　B
　(4)　不　動　産　　　　　（不動産の表示）

２．登記の原因となる事実又は法律行為
　(1)　令和○年○月○日，Bは，C及びDに対し，本件不動産の自己の持分
　　全てを放棄する旨の意思表示をし，同日，C及びDは当該意思表示を受
　　領した。
　(2)　よって，同日，本件不動産のBの持分は，BからC及びDに移転した。

令和○年○月○日　東京法務局○○出張所　御中

上記の登記原因のとおり相違ありません。

　　　　　　　　　　　　（当事者の表示）
```

〈例・登記申請書〉

```
　　　　　　　　　　登　記　申　請　書

登記の目的　　B持分全部移転
原　　　因　　令和○年○月○○日　持分放棄
権　利　者　　東京都○○区○○町△丁目○番○号
　　　　　　　　持分　6分の1　　　C
　　　　　　　　　　　6分の1　　　D
義　務　者　　○○県○○市○○町○丁目○番○号
　　　　　　　　　B
添付書面　　　登記識別情報　　登記原因証明情報
　　　　　　　印鑑証明書　　住所証明情報　　代理権限証明情報
令和○年○月○○日申請　東京法務局○○出張所
代　理　人　　東京都□□区▲▲一丁目○○番○号
　　　　　　　　司法書士　　○○　○○
　　　　　　　　電話番号　　○○－○○○○－○○○○
課税価格　　　金○○円※①
登録免許税　　金○○円※②
不動産の表示
```

```
所    在    ○○区○○町○丁目
地    番    ○○○番○
地    目    畑
地    積    102㎡
```

※①　固定資産評価額（1000円未満切り捨て）
※②　課税価格の1000分の20（100円未満切り捨て）

第2節　時効取得

事例15

> 営農者A及びBは，隣接する農地をそれぞれ複数所有している。
> Aは約25年間にわたり，Bが所有する農地のうちの1筆を，Bが所有する農地であることを知りながら，隣接する自己の農地と同様に耕作していた。
> 当該農地は，課税要件を満たさないことから，固定資産税の課税はされていない。
> Aはこれまで，Bから当該農地への立入りを禁止されたり，農地の返還を請求されたことはない。

1　農地の時効取得の可否

　20年間，所有の意思をもって，平穏に，かつ，公然と他人の物を占有した者は，その所有権を取得する（民法162条1項）とされていることから，本事例において，25年間にわたりBの所有する農地のうちの一筆を自己の農地と同様に耕作していたAは，自己の占有が認められることから，時効取得を主張することができると考えられる。

　なお，実際に時効取得するためには，AからBに対し時効の援用を行う必要があり，さらにBの協力が得られる場合には，BとAの共同申請により，時効取得を原因とする所有権移転登記を申請する。

　Bの協力が得られない場合には，裁判上の手続を行うこととなる。

また，本事例では，一筆の土地を占有しているが，一筆の土地の一部を占有し，時効取得を原因とする所有権移転登記を申請する場合には，あらかじめ分筆登記をする必要がある。
　なお，時効取得を原因とする所有権移転には，農地法３条の許可は要しないが，権利取得にかかる農地法３条の３の届出は必要となることに注意を要する。[8]
　本事例は，農地を農地として占有し，時効取得をしているが，例えば，農地を宅地等として占有し，取得時効が成立したことによって，登記名義を取得することは可能であるが，農地法５条の許可が必要な場合は（本事例では特に農地の所在地について言及していない），許可を得ずした宅地等への転用は違法転用となり，刑事罰の対象となる可能性もあることに注意を要する。

2 課税上の取扱い

　土地等を時効の援用により取得したときは，取得した土地等の価額（時価）が経済的利益となり，取得日の属する年分の一時所得として，所得税の課税対象になる。なお，「取得日」は時効の完成日（この事例では占有開始日から20年を経過した日）ではなく，時効を援用した日である。
　一時所得の金額の計算方法は次のとおりである。
取得した土地等の時価－土地等を時効取得するために直接要した費用－特別控除額（最高50万円）＝一時所得の金額
　所得税の課税対象となるのは，この一時所得の金額を1/2にした金額である。
　この事例においてＡが時効取得した農地の時価が1,000万円，取得のために要した費用が50万円とすれば，一時所得の金額は，1,000万円－50万円－50万円＝900万円である。
　さらにこれを1/2にした450万円が，他の所得と合算されて所得税の課税対象とされる。

---

[8] 末光祐一『Q&A　地目，土地の規制・権利等に関する法律と実務』（日本加除出版，2023）437頁

3 登記手続

時効取得による所有権移転登記については，元の所有者（B）が，取得時効の成立を認め，登記手続への協力が得られる場合には，共同申請によることができる。一方，元の所有者の協力が得られない場合には，裁判上の手続が必要となり，裁判上，時効取得が認められた場合は，権利者Aの単独申請で所有権移転登記を行うことができる。この場合，登記原因証明情報として，確定証明書付きの判決書正本（裁判上の和解，調停等の場合は，それぞれ和解調書，調停調書）を添付し，権利者Aからの単独申請を行うことができる。

4 書式例

〈例・登記原因証明情報─共同申請により申請する場合〉

登記原因証明情報

1．登記申請情報の要項
 (1) 登記の目的　　所有権移転
 (2) 登記の原因　　平成○年○月○日（※1）時効取得
 (3) 当　事　者
　　　権利者　　A
　　　義務者　　B
 (4) 不　動　産　（不動産の表示）
2．登記の原因となる事実又は法律行為
 (1) 平成○年○月○日，Aは，B所有の本件不動産を自己の土地でないと知りながら平穏，公然と占有を開始した。
 (2) 令和○年○月○日，本件不動産を占有して20年が経過し，現在も占有を継続している。
 (3) 令和○年○月○日，AはBに対して，時効により所有権を取得した旨の意思表示をした。
 (4) よって，平成○年○月○日，本件不動産の所有権は，BからAに移転した。

令和○年○月○日　X地方法務局Z出張所　御中

第4章　その他の原因による所有権移転

> 上記の登記原因のとおり相違ありません。
>
> 　　　　　　　　（当事者の表示等）

(※1)　時効取得の起算日とされた日（占有開始日）を記載する。

〈例・単独申請による登記申請書─単独により申請する場合〉

```
　　　　　　　　　　　登記申請書

登記の目的　　所有権移転
原　　　因　　平成○○年○月○日 (※1) 時効取得
権　利　者　　A（申請人）
義　務　者　　B
添 付 情 報　　登記原因証明情報 (※2) 代理権限証明情報　住所証明情報
令和○年○月○日申請　　○○地方法務局□□出張所
代　理　人　　○○県□□市▲▲○丁目○番地○
　　　　　　　　司法書士　○○　○○
　　　　　　　　電話番号　○○－○○○○－○○○○


課 税 価 格　　金○○円 (※3)
登 録 免 許 税　金○○円 (※4)

不動産の表示
　所　　　在　　○○市□□字△
　地　　　番　　101番
　地　　　目　　畑
　地　　　積　　220㎡
```

(※1)　時効取得の起算日とされた日（占有開始日）を記載する。
(※2)　確定証明書付きの判決書正本（裁判上の和解，調停等の場合は，それぞれ和解調書，調停調書）
(※3)　固定資産評価額（1000円未満切り捨て）
(※4)　固定資産評価額の1000分の20（100円未満切り捨て）
(参考：幸良秋夫『改訂補訂版　設問解説　判決による登記』(日本加除出版，2017年)．407頁)

第5編 生産緑地の今後

第1章 所有者不明農地問題

1 背景

　我が国全体の問題として，相続登記や住所変更登記が未了であるために，不動産登記簿により所有者が直ちに判明しない土地あるいは所有者が判明していても，その所在が不明で連絡が付かない土地（以下，「所有者不明土地」とする。）が国土の約20パーセントを占めている[1]ことから，土地利活用の疎外や，管理不全等に対応することが必要とされてきた。

　このような問題に対応するため，これまでに，所有者不明土地の利用の円滑化等に関する特別措置法（平成30年法律49号）の制定，土地基本法の改正，民法・不動産登記法の見直し，相続土地国庫帰属制度の創設，所有者不明土地・建物の管理制度及び管理不全土地・建物の管理制度の創設等の施策が展開されてきた。

　農地についても，相続未登記農地の存在が担い手への農地の集積・集約化を進める上での阻害要因となっているとの指摘があり，全国の農業委員会を通じて，相続未登記農地等の実態調査を実施したところ，相続未登記農地及びそのおそれのある農地は全農地の約20パーセントを占めるが，うち遊休農地になっているのは6パーセントにとどまり，多くは実態上耕作がなされている。しかし，当該農地を農地中間管理機構に貸し付ける場合

---

1) 国土交通省「平成28年度地籍調査における土地所有者等に関する調査」（2017年）

等には，登記簿上の所有者の法定相続人を探索した上で各相続人から同意を集めなければならないことから，円滑な貸付けが進まず，農地の集積・集約化の妨げとなっている[2]。

これらの課題に対応するため，農地法，農業経営基盤強化促進法，農地中間管理事業推進法をそれぞれ改正し，相続登記未了農地及び所有者不明農地の利活用促進が目指されている。

2 利活用促進の施策

(1) 相続登記未了農地

令和6年4月より，相続登記は義務とされているが，農地も例外ではない。

長期相続未了農地においては，繰り返し相続が起こることにより，相続人が多数となり，相続人探索や帰属権者を確定するために，膨大な時間と費用を要することのみならず，農地の荒廃などの管理上の問題も生じ，周辺の農地や環境にも影響を及ぼすといった状況がかねてより問題視されていた。

農林水産省では，令和3年度末現在の各地の農地の相続登記履行状況について，各農業委員会を通じて実地調査を行ったところ，

(1) 登記名義人が死亡していることが確認された農地の面積は全国で約52万ヘクタール
(2) 登記名義人が市町村外に転出しすでに死亡している可能性があるなど，相続未登記のおそれのある農地の面積は全国で約50万9000ヘクタール

（参照：農林水産省経営局農地政策課「相続未登記農地等の実態調査の結果についてお知らせします」）

という調査結果となり，全国の農地の約2割が相続登記が未了あるいは，すでに相続登記未了状態となっている可能性があることが判明した。

さらに，そのうちの6％程度の農地は，既に遊休農地となっていることも分かっており，今後，相続登記がなされないことによる所有者不明

---

[2] 農林水産省「第1回相続未登記農地等の活用検討に関する意見交換会」資料3（2017年）2～3頁

農地は，農地の集約や利活用の妨げとなることから，このような相続登記未了農地への対応が必要であるとされ，次に解説する様々な制度を策定している。

(2) 遊休農地に関する措置

農地法の規定により，農業委員会は，年1回，区域内の農地について利用状況を調査し，耕作がされていない土地や，耕作が十分に行われていない土地など遊休農地となっている農地が発見された場合，当該農地の所有者等に対する意向調査を実施するとされている（農地31条・32条）。

意向調査に際しては，所有者等に対し，

① 自ら耕作する意思の有無

② 農地中間管理機構利用の希望の有無

③ 貸付の希望の有無などの意向

を調査するものとされている。

また，意向調査において，所有者（又は共有者のうち過半数の持分を有する者）が確知できない場合は，

① その農地の所有者等を確知できない旨

② その農地の所在，地番，地目及び面積並びにその農地が耕作がされていない土地であるか，耕作が不十分な土地であるかの別

③ 農地の所有者等は，公示の日から起算して2か月以内に，その権原を証する書面を添えて，農業委員会に申し出るべき旨

を公示する。

当該公示を行うにあたり，所有者等について，以下のような調査を行うことを要する[3]。

〈公示制度における所有者等の調査フロー〉

①	農地の権利者の特定 →法務局で，登記事項証明書，公図などを調査
②	特定された権利者の生存状況を確認

---

[3] 農林水産省「農地法に基づく所有者不明の遊休農地の公示制度の概要及び活用事例」，農林水産省ウェブサイト「農地制度　所有者不明農地（相続未登記農地）の活用について【事務マニュアル】（令和6年6月19日改正版）」

	→住民基本台帳，固定資産税課税台帳等の情報を調査	
③	書面上生存している場合	書面上死亡していた場合
	権利者の居所の把握 →住民票上の住所への郵便等での連絡 固定資産税納税者や自治会長等に対し，転居先や連絡先を聴取	相続人の調査 →戸籍調査により相続人を特定 当該相続人の居所を調査
④	調査をしてもなお所有者の居所が不明 ↓	調査してもなお当該農地の過半数の持分を持つ相続人が不明 ↓
⑤	所有者等を確知できない旨の公示	

(3) **農地法に基づく利用権設定**（農地41条）

　所有者が不明な農地を賃借したい者が，農業委員会に対し，農地を借りたい旨の申出をすることができる。

　申出を受けた農業委員会は，当該農地の所有者等の探索を行い，探索を行った結果所有者が不確知であるとされた場合には，2か月間の公示を行うこととされている。

〈所有者不明農地の利用権設定公示事項（農地32条・41条）〉

農地の所有者等を確知できない旨
農地の所在，地番，地目及び面積並びに農地の状況※
農地の権利の種類
農地の所有者に関する情報
農地の相続人は，公示の日から起算して2か月以内に，農業委員会に申し出るべき旨

※　農地の状況について以下のいずれかであることを公示する
　(ｱ)　現に耕作の目的に供されておらず，かつ，引き続き耕作の目的に供されないと見込まれる農地（農地32条1項1号）
　(ｲ)　その農業上の利用の程度がその周辺の地域における農地の利用の程度に比し著しく劣っていると認められる農地（(ｱ)に該当する農地を除く。農地32条1項2号）
　(ｳ)　耕作の事業に従事する者が不在となり，又は不在となることが確実である農地（農地33条）

　農業委員会は，農地バンクに公示の結果を通知し，公示期間満了まで

に，相続人からの異議がなかった場合は，農地バンクは都道府県知事に対し，4か月以内に当該農地の利用権設定の裁定を申請するものとされている。利用権設定が裁定された場合，最長40年間の期間を設定することができる。

都道府県知事による利用権設定の裁定及びその公告がされた場合には，農地バンクにおいて，本来の農地所有者のために，借賃相当の補償金の供託を行わなければならない。その後，賃借を希望する者に対し，農地バンクが，当該農地を貸付けする。

(4) **中間管理事業の推進に関する法律に基づく利用権設定**（農地中間管理22条の2〜22条の4）

相続人の一部が判明しないなど，共有者の一部は判明しており，当該共有者が農地の貸付けを希望している場合は，農地バンクに対し，農地を貸付けしたい旨の申出をすることができる。

申出を受けた農地バンクは，農業委員会に対し，残りの相続人の探索要請を行い，農業委員会は残りの相続人の探索を行い，共有者が不確知であった場合には，2か月間の公示を行うこととされている。

〈共有者不明農地の利用権設定　公示事項（農地中間管理22条の3）〉

共有者不明農用地等の所在，地番，地目及び面積
共有者不明農用地等について2分の1以上の共有持分を有する者を確知することができない旨
共有者不明農用地等について，農用地利用集積等促進計画の定めるところによって農地中間管理機構が賃借権又は使用貸借による権利の設定を受ける旨
利用権の種類，内容，始期及び存続期間並びに当該権利が賃借権である場合にあっては，借賃並びにその支払の相手方及び方法
不確知共有者は，公示の日から起算して2か月以内に，農業委員会に申し出て，農用地利用集積等促進計画又は利用権の設定に関し異議を述べることができる旨
不確知共有者が前号に規定する期間内に異議を述べなかったときは，当該不確知共有者は農用地利用集積等促進計画について同意をしたものとみなす旨

農業委員会は，農地バンクに公示の結果を通知し，公示期間満了まで

に，他の相続人からの異議がなかった場合は，利用権の設定やその内容について，その者の同意があったものとみなされる。

　その後，農地バンクが，都道府県知事に対し，農地バンク計画を申請し，都道府県知事は，当該計画を認可・公告する。これにより，最長40年間の期間を設定することができる。その後，貸借を希望する者に対し，農地バンクが，当該農地を貸付けする。

第2章　生産緑地2032年問題

　1992年より生産緑地法に基づく生産緑地指定制度が開始し，2022年に指定から30年を経過し，買取申出が可能になることで，市町村が買い取らない場合，申出から3か月が経過すると，生産緑地の行為制限が解除されることにより，大量の生産緑地が宅地転用がされ，不動産市場に一定の影響を及ぼすのではないかと危惧されていた。これをいわゆる「2022年問題」と称し，動向が注視されていたが，2022年12月末時点で，制度開始当初に定められた生産緑地（全生産緑地面積の約8割）の約9割が特定生産緑地に指定されていることが，国土交通省の調査で判明している[4]。

　2018年に特定生産緑地制度が導入されたことにより，これらの危惧は現実化することはなかったが，今後，2032年には，特定生産緑地指定から10年を迎える。制度開始から40年が経過することから，農地所有者の故障等を理由に指定の継続を希望しない場合や，2032年までに相続が開始し，後継者がいないといったケースも増えていくものと考えられる。取り分け，2025年以降に現役世代人口の減少が加速するとされている[5]ことから，人口減少など社会状況が新たなフェーズに突入することを契機に，これまで以上に，都市農地を保全することへの課題が増えていくものと考えられる。

　一方，SDGsの取組や，ヒートアイランド現象をはじめとした気候変動への取組として，これまで以上に，都市農地を含む都市緑地の保全というキーワードは，注目されるものと考えられる。

　生産緑地制度が，持続可能な都市農地保全の制度としての機能を果たすことができるのか，今後の動向が注視される。

---

4) 国土交通省都市局都市計画課報道発表「平成4年に定められた生産緑地の約9割が特定生産緑地に指定されました」（2023年2月14日）
5) 厚生労働省「令和4年版厚生労働白書―社会保障を支える人材の確保―概要」1頁

資　料

〈資料　特定市街化区域内農地対象市一覧〉

（平成30年4月1日現在）

圏域名	都道府県名	市　町　村　名
首都圏	茨城県 7市	龍ヶ崎市，取手市，坂東市，牛久市，守谷市，常総市，つくばみらい市
	埼玉県 37市	川越市，川口市，行田市，所沢市，飯能市，加須市，東松山市，春日部市，狭山市，羽生市，鴻巣市，上尾市，草加市，越谷市，蕨市，戸田市，入間市，朝霞市，志木市，和光市，新座市，桶川市，久喜市，北本市，八潮市，富士見市，三郷市，蓮田市，坂戸市，幸手市，鶴ヶ島市，日高市，吉川市，さいたま市，ふじみ野市，熊谷市，白岡市
	千葉県 23市	千葉市，市川市，船橋市，木更津市，松戸市，野田市，成田市，佐倉市，習志野市，柏市，市原市，流山市，八千代市，我孫子市，鎌ヶ谷市，君津市，富津市，（浦安市），四街道市，袖ヶ浦市，印西市，白井市，富里市
	東京都 27市	特別区*，八王子市，立川市，武蔵野市，三鷹市，青梅市，府中市，昭島市，調布市，町田市，小金井市，小平市，日野市，東村山市，国分寺市，国立市，福生市，狛江市，東大和市，清瀬市，東久留米市，武蔵村山市，多摩市，稲城市，羽村市，あきる野市，西東京市
	神奈川県 19市	横浜市，川崎市，横須賀市，平塚市，鎌倉市，藤沢市，小田原市，茅ヶ崎市，逗子市，相模原市，三浦市，秦野市，厚木市，大和市，伊勢原市，海老名市，座間市，南足柄市，綾瀬市
113市		
中部圏	愛知県 33市	名古屋市，岡崎市，一宮市，瀬戸市，半田市，春日井市，津島市，碧南市，刈谷市，豊田市，安城市，西尾市，犬山市，常滑市，江南市，小牧市，稲沢市，東海市，大府市，知多市，知立市，尾張旭市，高浜市，岩倉市，豊明市，日進市，愛西市，清須市，北名古屋市，弥富市，あま市，みよし市，長久手市
	三重県 3市	四日市市，桑名市，（いなべ市）
38市	静岡県 2市	静岡市，浜松市
近畿圏	京都府 10市	京都市，宇治市，亀岡市，城陽市，向日市，長岡京市，八幡市，京田辺市，南丹市，木津川市

資　料

	大　阪　府 33市	大阪市，堺市，岸和田市，豊中市，池田市，吹田市，泉大津市，高槻市，貝塚市，守口市，枚方市，茨木市，八尾市，泉佐野市，富田林市，寝屋川市，河内長野市，松原市，大東市，和泉市，箕面市，柏原市，羽曳野市，門真市，摂津市，高石市，藤井寺市，東大阪市，泉南市，四條畷市，交野市，大阪狭山市，阪南市
	兵　庫　県 8市	神戸市，尼崎市，西宮市，芦屋市，伊丹市，宝塚市，川西市，三田市
63市	奈　良　県 12市	奈良市，大和高田市，大和郡山市，天理市，橿原市，桜井市，五條市，御所市，生駒市，香芝市，葛城市，宇陀市，

＊　「特定市」とは，以下に掲げる圏域に存在する政令指定都市及び以下に掲げる区域を含む市（東京都の特別区を含む。）をいう。
　　首都圏：首都圏整備法の既成市街地及び近郊整備地帯内にあるもの
　　中部圏：中部圏開発整備法の都市整備区域内にあるもの
　　近畿圏：近畿圏整備法の既成都市区域及び近郊整備区域内にあるもの
＊　東京都の特別区の存する区域を一つの市としてカウントしている。
＊　（　）は生産緑地地区を有していない都市（浦安市は市街化区域内農地を有していない）。

（出典：国土交通省ウェブサイト「特定市街化区域内農地対象市（三大都市圏特定市）一覧」（https://www.mlit.go.jp/toshi/park/toshi_productivegreen_data.html）（2018年4月1日現在））

執 筆 者

鹿島　久実子

東京司法書士会。東京行政書士会
早稲田大学大学院法学研究科，日本社会事業大学専門職大学院福祉マネジメント研究科　修了

鹿島　崇之

司法書士鹿島事務所　代表司法書士。東京司法書士会。東京行政書士会。民事信託士。
中央大学法学部法律学科　卒業

清田　幸弘

ランドマーク税理士法人　代表税理士。立教大学大学院客員教授。横浜農協（旧横浜北農協）に9年間勤務，金融・経営相談業務を行う。資産税専門の会計事務所勤務の後，1997年，清田会計事務所設立。
「相続専門の税理士，父の相続を担当する」（あさ出版），「都市農家・地主の税金ガイド」（税務研究会出版局）など著書多数。

農地・生産緑地に関する実務と事例
登記、税務、転用、相続、売買

2024年9月30日　初版発行

著　者	鹿　島　久実子	
	鹿　島　崇　之	
	清　田　幸　弘	
発行者	和　田　　　裕	

発行所　日本加除出版株式会社
本　社　〒171-8516
　　　　東京都豊島区南長崎3丁目16番6号

組版　㈱郁文　　印刷　㈱精興社　　製本　牧製本印刷㈱

定価はカバー等に表示してあります。
落丁本・乱丁本は当社にてお取替えいたします。
お問合せの他、ご意見・感想等がございましたら、下記まで
お知らせください。

〒171-8516
東京都豊島区南長崎3丁目16番6号
日本加除出版株式会社　営業企画課
電話　　03-3953-5642
FAX　　03-3953-2061
e-mail　toiawase@kajo.co.jp
URL　　www.kajo.co.jp

Ⓒ 2024
Printed in Japan
ISBN978-4-8178-4954-0

JCOPY　〈出版者著作権管理機構　委託出版物〉
本書を無断で複写複製（電子化を含む）することは，著作権法上の例外を除き，禁じられています。複写される場合は，そのつど事前に出版者著作権管理機構（JCOPY）の許諾を得てください。
また本書を代行業者等の第三者に依頼してスキャンやデジタル化することは，たとえ個人や家庭内での利用であっても一切認められておりません。

〈JCOPY〉　H P：https://www.jcopy.or.jp，e-mail：info@jcopy.or.jp
　　　　　電話：03-5244-5088，FAX：03-5244-5089

第2版 法律から見た農業支援の実務
農地の確保・利用から、農地所有適格法人設立、6次産業化支援まで

商品番号：40570
略　　号：法農

髙橋宏治 編著
池田功・荻原英美・荻原圧司・押久保政彦・亀田泰志・
齊藤総幸・沼田龍之助 著
2024年6月刊 A5判 256頁 定価3,190円（本体2,900円）978-4-8178-4942-7

- 司法書士、行政書士、社会保険労務士、中小企業診断士、税理士、弁理士らによる、農業支援のポイント解説。
- 「経営計画策定」から「農地確保」、「法人化（農地法関連、税法関連）」、「労務管理」、「相続・経営承継における税務」まで、包括的な支援をこの一冊でカバー。
- 長期展望に立った支援ができるよう、今後農業が目指す「6次産業化」や「ブランド化・輸出」についても、それぞれ章を設けて記述。

第2版 事例解説 農地の相続、農業の承継
農地・耕作放棄地の権利変動と農家の法人化の実務

商品番号：40673
略　　号：農承

髙橋宏治・八田賢司 編著
嵐田志保・石山剛・大島俊哉・小川貴晃・小森谷祥平・
千田理恵子・照本夏子・中村勧・福島聡司・松本智恵美 著
2024年5月刊 A5判 288頁 定価3,740円（本体3,400円）978-4-8178-4940-3

- 農家の"顧問"として、適切なアドバイスをするための一冊。所有者不明農地対策など、農業経営基盤強化促進法等の改正に対応した待望の改訂版。
- 「後継ぎがいない」、「農地を手放したい」といったよくある相談から、「相続で農地を所有することになったものの、どうすればよいかわからない」、「耕作放棄地を別の目的で使うにはどうすればよいのか」といった困難な相談まで、年々増加する農地に関する相談に適切に対応するための実務的な情報をまとめた一冊。

日本加除出版

〒171-8516　東京都豊島区南長崎3丁目16番6号
営業部　TEL (03) 3953-5642　FAX (03) 3953-2061
www.kajo.co.jp